高等教育规划教材　　卓越工程师教育培养计划系列教材

化工过程分析与综合

史　彬　鄢烈祥 ◎ 编著

第二版

化学工业出版社

·北京·

内容提要

《化工过程分析与综合(第二版)》论述了化工过程系统模拟与分析、综合与集成和最优化的基础理论和基本方法。全书共分11章,内容包括:绪论、过程系统的稳态模拟、序贯模块法、联立方程法、联立模块法、最优化方法、换热网络综合、能量集成、分离序列综合、质量集成、水系统集成。

《化工过程分析与综合(第二版)》是作者在总结多年教学和科学研究实践的基础上,吸收了近年来本学科领域在过程综合集成与优化方面的理论研究与应用成果编写而成。全书的编写力求简明、重点突出和逻辑清晰。本书注重理论与实践的统一,书中编入了较多的例题和习题、配有相关最优化方法、流程模拟的程序代码,有助于读者学习。

本书可作为高等学校化工类相关专业的教材,也可供相关领域的科研、设计、生产和管理等科技人员参考。

图书在版编目(CIP)数据

化工过程分析与综合/史彬,鄢烈祥编著. —2版. —北京:化学工业出版社,2020.7(2024.1重印)

高等教育规划教材 卓越工程师教育培养计划系列教材

ISBN 978-7-122-36826-3

Ⅰ.①化… Ⅱ.①史…②鄢… Ⅲ.①化工过程-分析-高等学校-教材 Ⅳ.①TQ02

中国版本图书馆 CIP 数据核字(2020)第 080094 号

责任编辑:任睿婷 徐雅妮　　　　　　　　　　装帧设计:关　飞
责任校对:宋　夏

出版发行:化学工业出版社(北京市东城区青年湖南街 13 号　邮政编码 100011)
印　　装:涿州市般润文化传播有限公司
787mm×1092mm　1/16　印张 11　字数 282 千字　2024 年 1 月北京第 2 版第 3 次印刷

购书咨询:010-64518888　　　　　　　售后服务:010-64518899
网　　址:http://www.cip.com.cn

前　言

　　本书是在高等教育规划教材《化工过程分析与综合》一书的基础上，为充分适应新工科背景下高等化工类人才培养需求而进行修订的。

　　全书的编写继续保持原书内容简明、重点突出和知识结构逻辑清晰的特点，注重理论与实践的统一，除保持原书的特色内容外，根据学科发展与人才培养需求，删除了大系统优化方法、随机搜索算法等优化方法，完善了过程系统稳态模拟、换热网络综合、能量集成章节的理论知识点描述，丰富了相应的计算应用实例，帮助学生加强对基础理论与基本方法的理解和掌握。近十年来，随着计算机技术的快速发展，各类流程模拟、优化计算、分析综合软件越来越丰富。为了加强学生解决工程实践问题的能力，本书除基础理论、基本方法外，还添加了流程模拟软件、过程综合软件、最优化工具软件求解化工过程模拟、综合与最优化问题的实例，使学生在掌握化工过程系统基本方法的同时，能够借助相关工具软件完成过程模拟、综合、优化的任务，帮助学生以全局和优化的思想来分析和解决化工实际生产问题。

　　本书第1章、第6章由鄢烈祥负责修订，其他章节由史彬负责修订，全书由史彬负责统稿、校对。为本书编写付出努力的还有王佩、饶卓、刘泽奇、李光红、徐辉、张干等多位研究生。本书的编写受武汉理工大学"十三五"规划教材项目资助，在编写过程中得到了过程系统工程领域同行教师和专家们的热情鼓励与支持，在此一并致以衷心的感谢。由于作者水平有限，书中难免存在不妥之处，恳请读者批评指正。

编著者

2020 年 5 月

第一版前言

化工过程分析与综合是高等学校化工类专业的必修课。为了适应高等化工类人才培养的需要，作者根据十余年来讲授本门课程的教学实践，在汲取近年来国内外相关教材、专著和文献资料的基础上，编写了本书。

本书内容上，注重吸收本学科领域在过程综合集成与优化方面的理论研究成果，编入了能量集成、质量集成、水系统集成及现代智能优化方法和大系统优化等内容。本书的编写，力求简明、突出重点和知识结构逻辑清晰。本书的编写注重理论与实践的统一，书中编入了较多的应用实例，此外，除少数章节外，都设置了习题。

全书共 12 章：第 1 章为绪论；第 2～6 章为过程系统模型、模拟方法和模拟软件系统简介；第 7 章为最优化方法；第 8、9 章分别为换热网络综合与能量集成；第 10 章为分离序列综合；第 11、12 章分别为质量集成与水系统集成。

本书可作为高等学校化工类相关专业的教材，根据各学校的具体情况，讲授内容可以取舍；也可供相关领域的科研、设计、生产和管理等科技人员参考。

本书承蒙北京化工大学麻德贤教授和大连理工大学姚平经教授审阅，两位教授对书稿提出了许多宝贵意见，在此致以诚挚的感谢！

由于作者水平有限，书中难免有不妥之处，恳请读者给予批评指正。

编著者
2009 年 9 月

目　录

1 | 绪 论

1.1 本门课程的形成与发展[1,2]

化工过程分析与综合是过程系统工程学科的核心内容，过程系统工程学科是 20 世纪 60 年代初形成的，经过 50 多年的发展，它已成为化学工程学的一个重要分支学科。

化学工程学是以化学、物理和数学原理为基础，研究物料在工业规模条件下所发生的物理或化学状态变化的工业过程，及这类过程所用装置的设计和操作的一门技术科学，通用于一切化工类的生产行业（统称过程工业），如化学工业、石油化学工业、冶金工业、制药工业、食品工业等。在 20 世纪 20 年代提出的"单元操作"概念，奠定了化学工程学的基础，在 20 世纪 60 年代提出的动量、热量和质量传递以及反应工程学，丰富和发展了化学工程学的理论体系。

进入 20 世纪 50 年代后，以石油化工为代表的过程工业得到了蓬勃发展，实现了综合生产，生产装置日趋大型化、复杂化，产品品种精细化，并要求在安全、可靠和对环境污染最小的状况下运行。在能源紧张、竞争日益加剧的情况下，以传统的单元操作概念为基础的化学工程方法已不能适应时代的发展，迫切需要企业实现生产装置的最优设计、最优控制和最优管理。

系统工程学是一门研究系统组织、协调、控制与管理的工程技术学科。产生于 20 世纪 40 年代，它是以运筹学、系统分析和现代控制理论为基础以及计算机为工具而发展起来的。系统工程学一经出现，就被有效地应用于科学技术以及经济管理的各个领域。

系统工程学的出现正好适应了化学工业亟须技术创新的要求。20 世纪 60 年代初，在化学工程、系统工程、过程控制、运筹学及计算机技术等学科的基础上，产生和发展起来了一门新兴的技术学科——过程系统工程，这是继 20 世纪 20 年代单元操作技术和 60 年代传递现象理论后，化学工程学的第三次重大发展。

过程系统工程学科诞生至今，在实践和理论两个方面都得到了飞跃式的发展。在实践上，它已从化工、石油化工领域推广到了过程工业的其他领域，如冶金、轻工业、医药、食品等，有力地促进了这些领域的生产技术进步和经济的飞跃发展。相应地，随着应用领域不断扩大和新的技术需求不断出现，又进一步促进了过程系统工程学科在理论、方法和内容上的发展。进入 20 世纪 90 年代后，环境问题备受关注，节能减排和清洁生产成为可持续发展的前提条件，并且供应链和生态工业园区大系统概念相继出现，这些又为过程系统工程学科提出了新的命题，进一步促进了其在过程集成和大系统理论方面的发展。

相对于化学工程学的其他分支学科，过程系统工程学科属于"年轻"的学科，它仍处于发展阶段，其基本理论、方法和内容也在不断地演化中。虽然如此，但作为核心内容的"过程分析与综合"是相对成熟的。20 世纪 70 年代，过程分析与综合课程在我国的少数重点大学开始开设。进入 21 世纪后，为适应新世纪化工类专业人才培养的需求，教育部将本门课程列入《高等教育面向 21 世纪"化学工程与工艺"专业人才培养方案》中作为核心课程。之后，教育部又将本门课程列为"化学工程与工艺"专业评估的主干课程。

1.2　基本概念[3]

1.2.1　过程系统与过程系统工程

（1）过程系统

过程系统（process system）是对原料进行物理或化学加工处理的系统，它由一些具有特定功能的过程单元按照一定的方式相互联结而成，它的功能在于实现工业生产中的物质和能量转换。过程单元用于物质和能量的转换、输送和储存，单元间借物料流、能量流和信息流相连构成一定的关系。过程系统的工业背景就是化工、冶金、制药、食品、造纸等流程加工的过程工业。过程系统按加工方式又可分为连续过程、离散过程和间歇过程三大类。20世纪末以来，过程系统已由原来的常规尺寸过程工业系统向巨型和微型过程系统扩大，不限于人造系统。巨型过程系统，如地区和全球气候变化的过程系统；微型过程系统，如纳米级的分子工厂、基因工程中的微系统过程。

（2）过程系统工程

将系统工程的思想和方法用于过程系统就形成了过程系统工程（process system engineering）。由于化工过程是一类典型的过程系统，而且关于化工系统工程的研究开展得较早、较为深入，在一些场合常将化工系统工程作为过程系统工程来讨论。

过程系统工程是一门工程技术与管理科学相结合的综合性交叉学科，它以处理物料流-能量流-信息流的过程系统为研究对象，研究其组织、规划、协调、优化、设计、控制和管理的决策方法论，广泛地用于化工、冶金、制药、建材、食品等过程工业中，目的是在总体上达到技术和经济的最优化，并符合可持续发展的要求。其主要内容大致可分为三个相互关联的方面，包括对于系统结构及各子系统均已给定的现有系统进行模拟与分析、对有待设计的系统进行综合与集成、实现过程系统的最优设计及控制。

1.2.2　过程系统模拟与分析

模拟是指在模型上做实验，以寻求原型规律性的过程。模拟有物理模拟和数学模拟两种方法。两者的区别在于，前者用物理模型做实验，而后者用数学模型在计算机上做实验。本门课程所应用的模拟方法是指数学模拟，简称模拟。**过程分析**是指在过程系统的结构及其子系统特性已确定的前提下，借助计算机和系统模型，通过数学模拟的方法，推断特定系统的特性，确定其各部位信息和总体技术经济指标的方法。

过程系统模拟与分析的研究对象正从传统的过程系统（如单元设备和装置）向两头延伸，一方面向以产品设计为代表的微观尺度的原子/分子模拟延伸，另一方面向以供应链为代表的超大规模系统延伸，以及向整个企业，甚至于一个地区工业生态系统的延伸。

过程模拟根据系统输入与输出的状态随时间变化与否，可分为稳态模拟和动态模拟两种。从数学上讲，稳态模拟为求解代数方程组，而动态模拟为求解微分方程组。

过程模拟与分析是过程系统工程学的基础内容，它的应用贯穿于过程系统的设计、操作、控制和管理等各个环节和阶段，是过程优化、过程综合与集成的有力工具。

1.2.3 过程系统综合与集成

过程系统综合或过程综合，是指按照规定的系统特性，寻求所需的系统结构及其各子系统的性能，并使系统按规定的目标进行最优组合。即当给定过程系统的输入参数及规定其输出参数后，确定出满足性能的过程系统，包括选择所采用的特定设备及其间的连接关系。由此可见，过程系统综合包括两种决策：一是由相互作用的单元之间的拓扑和特性而规定的各种系统结构替换方案的选择；二是组成该系统的各单元的替换方案的设计。从数学上讲，第一种决策是整数规划问题；第二种决策是非线性规划问题。因此，过程系统综合是一个高维的混合整数非线性规划问题。

过程系统综合的主要内容有：①反应路径的综合；②反应器网络综合；③换热器网络综合；④分离序列综合；⑤公用工程系统综合；⑥控制系统综合；⑦全流程系统综合。

过程系统综合的方法可归纳成五种基本方法：①分解法；②直观推判法；③调优法；④数学规划法；⑤人工智能方法。

过程系统集成是相对于过程综合而言的一个范畴，研究对象比过程综合的范围更大、层次和结构更复杂。目前，对过程集成尚没有统一的定义，从实际应用的角度考虑，不妨采用如下的定义：过程集成是在完成过程之间的信息集成和协调后，进一步消除过程中各种冗余和非增值的子过程，以及由人为因素和资源问题等造成的影响过程效率的一切障碍，使企业过程总体达到最优[4]。

这个定义表明，过程集成是以过程之间的信息集成为基础的，通过过程之间的协调（过程重构）以消除过程中各种冗余和非增值的子过程。过程之间的协调说明过程之间存在相互影响和相互作用，通过协调处理好相互间的关系，使过程总体达到最优。过程集成的目的是全局最优，而非局部过程优化。

过程集成的主要内容有：能量集成和质量集成。

过程集成的主要方法有：①直观推判法；②夹点分析法；③人工智能法；④数学规划法。

过程集成是一个大规模的混合整数非线性规划问题，也是一个多目标优化问题，目标包括：系统的经济性、操作性、可控性、安全性、可靠性，面临21世纪可持续发展的要求，还要把清洁生产和环境保护等考虑进来。

1.2.4 过程系统优化

最优化是对一个问题从许多解决方案中选取"最优"解决方案的一种方法。从数学上讲，是在满足某种类型的约束下（例如：等式约束或不等式约束，线性约束或非线性约束，代数方程约束或微分方程约束）使给定的目标取极值（极小值或极大值）。

在过程系统中，优化的对象可从层次和功能结构两个方面划定。从层次方面考虑有：单元设备、装置、工厂、企业、供应链。从功能结构方面考虑有：反应器网络系统、分离序列系统、换热网络系统、公用工程系统、质量交换网络系统等。功能结构方面的优化实际上是过程综合问题。

最优化问题的主要内容包括最优化模型的建立与求解。不同的最优化问题，最优化模型是不同的，但都可以划分为两大类：参数优化与结构优化。参数优化是指在一个已确定的系统流程中对其中的操作参数（如温度、压力和流量等）进行优选，使某些指标（如经济性指标、技术性指标及环境指标等）达到最优。如果改变过程系统中的设备类型或相互间的联结，以优化过程系统，则称为结构优化。从数学上讲，前者归结为（非）线性规划问题，而后者归结为混合整数（非）线性规划问题。

最优化是过程系统工程最核心的内容之一。它贯穿于过程系统的设计、操作、控制和管理的各个环节或阶段，通过最优化优选出最佳方案，作出最优决策，从而实现过程系统的优化设计、优化操作、优化控制和优化管理。

1.3　本门课程的特点

本门课程作为化工类专业的基础课程，与其他基础课程的区别在于：本门课程的重点是研究解决过程系统问题的方法，而不是阐述构成系统的基本单元的原理、规律和特性。换句话说，本门课程是应用知识的集成来解决过程系统的问题。

本门课程采用的研究方法是系统的方法论，即把研究的对象作为一个整体来对待，研究构成系统的各个部分的组织、结构和协调，以使整体达到全局最优，而不是局部优化。

本门课程中的过程系统模拟与分析、综合集成与最优化，大多需要用计算机求解建立的模型。因此，学习本门课程需要学生具备一定的数值计算、计算机编程和应用软件的能力。

本门课程具有很强的实用性，通过学习，掌握本门课程的基本原理、方法和策略后，可应用于过程工业的设计、操作和管理的实践。

参考文献

[1]　姚平经. 过程系统工程. 上海：华东理工大学出版社，2009.
[2]　杨友麒，成思危. 现代过程系统工程. 北京：化学工业出版社，2003.
[3]　王基铭. 过程系统工程辞典. 第2版. 北京：中国石化出版社，2011.
[4]　陈禹六，李清，张锋. 经营过程重构BPR与系统集成. 北京：清华大学出版社，2001.

2 过程系统的稳态模拟

2.1 过程系统稳态模拟的基本概念和方法

过程系统的模拟可分为稳态模拟和动态模拟两类。稳态模拟是过程系统模拟研究中开发最早、应用最为广泛的一种技术，它包括物料和能量衡算、设备尺寸和费用计算、过程技术经济评价等。本章主要介绍过程系统稳态模拟的基本概念和方法。

2.1.1 过程系统的数学模型[1]

数学模型是对单元过程及过程系统或流程进行模拟的基础，对模拟结果的可靠性及准确程度起到关键作用。不同过程具有不同的特性，因而需要建立不同类型的模型，不同类型的模型求解方法也不同。过程系统常见的数学模型有如下几种。

（1）稳态模型与动态模型

在模型中，若系统的变量不随时间而变化，即模型中不含时间变量，称此模型为稳态模型。当连续生产装置运行正常时，可用稳态模型描述。对于间歇操作，装置的开、停车过程或在外界干扰下产生波动时，则用动态模型描述，反映过程系统中各参数随时间的变化规律。

（2）机理模型与"黑箱"模型

数学模型的建立是以过程的物理与化学变化本质为基础的。根据化学工程学科及其他相关学科的理论与方法，对过程进行分析研究而建立的模型称为机理模型。例如，根据化学反应的机理、反应动力学和传递过程原理而建立的反应过程数学模型，以及按传递原理及热力学等建立的换热及精馏过程的数学模型等。而当缺乏合适的或足够的理论依据时，则不能对过程机理进行正确描述，对此，可将对象当作"黑箱"来处理。即根据过程输入、输出数据，采用回归分析方法确定输出与输入数据的关系，建立"黑箱"模型，即经验模型。这种模型的适用性受到采集数据覆盖范围的限制，使用范围只能在数据测定范围内，而不能外延。

（3）集中参数模型与分布参数模型

按过程的变量与空间位置是否相关，可分为集中参数模型和分布参数模型。当过程的变量不随空间坐标而改变时，称为集中参数模型，如理想混合反应器等，当过程的变量随空间坐标而改变时，则称为分布参数模型。如平推流式反应器，其数学模型在稳态时为常微分方程，在动态时为偏微分方程。

（4）确定性模型与随机模型

按模型的输入与输出变量之间是否存在确定性关系可分为确定性模型和随机模型。若输出与输入存在确定关系则为确定性模型，反之为随机模型。在随机模型中时间是一个独立变量，若时间不作为变量，则称其为统计的数学模型。单元过程模拟是过程系统模拟的基础，本章主要介绍单元过程的模拟。

2.1.2　过程系统模拟的基本任务

过程系统模拟的基本任务主要有以下三个方面。

（1）过程系统模拟分析

过程系统的模拟分析常称为开放型模拟或操作型模拟，是对一个现有的系统过程进行分析模拟。如图 2-1 所示，首先给定过程系统的结构及设备参数向量，给定输入流股向量，经过计算求解输出流股向量，从而对过程系统及单元过程的各种工况进行分析，以指导生产操作和过程的改造。通常化工企业使用过程模拟对装置的操作状况进行评价，对不同操作条件进行预测，以保证装置的正常运行。

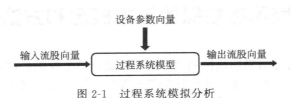

图 2-1　过程系统模拟分析

（2）过程系统设计

在实际生产中，新建一生产装置或对现有装置进行改造，离不开过程系统及单元过程的设计，此类问题为设计型问题。

过程系统设计的过程如图 2-2 所示，首先给定部分输入流股向量与设备参数向量，同时，指定输出流股向量中产品的特性要求。在设计求解过程中，通过调整另一部分输入向量和设备参数向量使产品达到规定的特性指标，从而获得过程系统中各物料流、能量流及特性等信息，为过程系统及单元设备设计提供基础数据。在实际工程设计中，通常经过广泛调查研究和充分论证之后，确定一个或几个初步的工艺流程方案。然后，分别对各流程进行严格的模拟计算，对系统单元过程、设备及操作条件进行调节，使之满足规定的工艺要求，并将方案进行比较，确定一个比较适宜的方案为最终方案，并以最终方案的计算结果作为基础设计的依据。

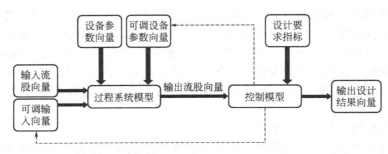

图 2-2　过程系统设计

（3）过程系统优化

过程系统的优化问题，即应用优化模型或方法求解过程系统的数学模型，确定一组关于某一目标函数为最优的决策变量的解（优化变量的解），以实现过程系统最佳工况。

过程系统优化问题与过程系统设计相似，如图 2-3 所示。过程系统优化是通过不断调整有关的决策变量，即相关的可调的输入流股条件与设备参数，使目标函数在规定的约束条件下达到最佳。而调整决策变量是通过优化算法实现的。当优化目标涉及经济评价时，还必须提供描述经济指标的经济模型。

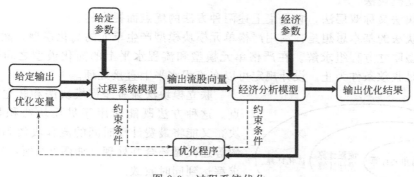

图 2-3　过程系统优化

2.1.3　过程系统稳态模拟的基本方法[2~4]

过程系统的模型建立后，给定一组决策变量（或设计变量），通过求解过程系统的模型，就能得出全部物流的状态变量的值。根据描述过程系统的模型不同，求解方法可以归纳为三类：①序贯模块法（sequential modular method）；②联立方程法（equation based method）；③联立模块法（simultaneous modular method）。

（1）序贯模块法

序贯模块法是开发最早、应用最广的过程系统模拟方法。目前绝大多数的过程系统模拟软件都属于这一类。这种方法的基本思想是：首先建立描述过程单元的数学模块（子程序），然后根据描述过程系统流程的结构模型，确定模块的计算顺序，序贯地对各单元模块进行计算，从而完成过程系统的模拟计算。

序贯模块法的优点是与实际过程的直观联系强；模拟系统软件的建立、维护和扩充都很方便，易于通用化；计算出错时易于诊断出错位置。其主要缺点是计算效率较低，尤其是解决设计和优化问题时计算效率更低，如图 2-4 所示。虽然如此，序贯模块法仍然是一种优秀的计算方法。

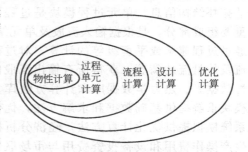

图 2-4　序贯模块法的迭代循环圈

（2）联立方程法

联立方程法又称为面向方程法，其基本思想是：将描述整个过程系统的数学方程式联立求解，从而得出模拟计算结果。联立方程法可以根据问题的要求灵活地确定设计变量（决策变量）。此外，联立方程法就好像把图 2-4 中的循环圈 1~4 合并成为一个循环圈（如图 2-5 所示）。这种合并意味着其中所有的方程同时计算和同步收敛。因此，联立方程法解算过程系统模型快速有效，对设计、优化问题灵活方便、效率较高。联立方程法一直被认为是求解过程系统的理想方法，但在实践上存在一些问题。主要在于：形成通用软件比较困难；不能利用现有大量丰富的单元模块；缺乏实际流程的直观联系；计算失败之后难以诊断错误所在；对初值的要求比较苛刻；计算技术难度较大等。但是由于其具有显著优势，这种方法一直备受人们的青睐。

图 2-5　联立方程法的迭代循环圈

（3）联立模块法

联立模块法又称双层法，它是集上述两种方法的优点而提出的。

联立模块法的基本思想是：利用严格单元模块模型产生单元的简化模型，然后将所有单元的简化模型联立方程组求解。在严格单元模型和流程水平上的简化模型之间进行迭代计算，直到满足收敛条件为止。设计规定可以在流程水平上直接处理。

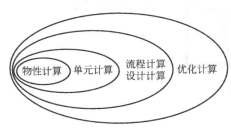

图 2-6　联立模块法的迭代循环圈

联立模块法兼有序贯模块法和联立方程法的优点。这种方法既能使用序贯模块法积累的大量模块，又能将最费计算时间的流程收敛和设计约束收敛等迭代循环合并处理（如图 2-6 所示），通过联立求解达到同时收敛。

2.1.4　流程模拟软件简介

2.1.4.1　流程模拟软件的基本结构

流程模拟软件是指以工艺过程的机理方程和热力学方程为基础，采用数学方法来描述化工过程，通过建立模拟、应用计算机辅助进行物料平衡、热量平衡等计算，来指导实际过程，以获得经济效益的一类软件的总称。它是化学工程、化工热力学、系统工程、计算方法以及计算机应用技术结合的产物，是近几十年发展起来的一门新技术[5]。

流程模拟软件的基本结构如图 2-7 所示。输入模块提供模拟计算所需的所有信息，包括过程系统的拓扑结构信息。单元过程模块是过程系统模拟的重要组成部分，是根据输入流股及单元结构的信息，通过过程速率或平衡级等的计算，对过程进行物料流及能量流的衡算，获得所有输出流股的信息。物性数据库、热力学数据库和计算方法库为单元过程模块求解提供基础数据和求解方法，优化方法库为系统模拟提供优化计算方法，经济分析模块则是将生产操作费用和设备投资费用与市场联系起来，对系统生产进行经济评价。管理系统执行模块是过程系统模拟的核心，用以控制计算顺序及整个模拟过程。输出模块按照单元过程模块或流股，输出用户所需的中间结果或最终结果等。

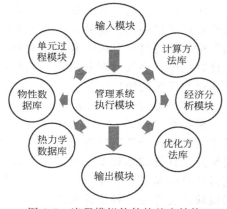

图 2-7　流程模拟软件的基本结构

2.1.4.2　常用流程模拟软件介绍

Aspen Plus、Pro/II、HYSYS 是化工、炼油、油气加工等领域中应用广泛、商业化好、知名度较高的三款流程模拟软件。

（1）Aspen Plus

Aspen Plus 是美国 Aspen Tech 公司 AspenONE 工程与创新解决方案中的重要一员，是目前应用最为广泛的大型通用稳态流程模拟软件系统之一。Aspen Plus 源于美国能源部 20 世纪 70 年代在麻省理工学院组织开发的第三代流程模拟软件——"过程工程的先进系统"（advanced system for process engineering，ASPEN）。该软件于 1981 年底完成开发，1982 年为了将其商品化，成立了 Aspen Tech 公司，并称之为 Aspen Plus。该软件经过近四十年来不断地改进、扩充和提高，先后推出了十多个版本，成为举世公认的标准大型流程模拟软件，应用案例数以百万计。全球各大化工、石化、炼油等过程工业制造企业及著名的工程公司都是 Aspen Plus 的用户。Aspen Plus 内置：

① 丰富的物性数据库 包含 6000 种纯组分、5000 对二元混合物、3314 种固体、900 种电解质、40000 个二元交互作用参数。此外，Aspen Plus 还提供 DECHEMA 数据库接口，用户也可以把自己的物性数据与 Aspen Plus 系统连接。

② 各种类型的过程单元操作模型库 包括混合器/分割器、分离器、换热器、塔、反应器、压力变送器、手动操作器、固体和用户模型等 10 余类单元操作模型。

③ 几十种计算传递物性和热力学性质的方法 当物性缺失或需要校正时，可采用软件中的数据回归系统和估算系统计算模型参数，包括用户自编模型。

基于先进的数值计算方法，Aspen Plus 能够准确进行物性分析、工艺过程模拟、数据估算与回归、数据拟合、参数优化、设备尺寸设计、灵敏度分析和经济评价等操作，可用于化学化工、石油化工、医药等多个工程领域以及从单个操作单元到整个工艺流程的稳态模拟、过程开发、设计、改造、优化和监控等各个方面。

此外，Aspen Plus 作为 AspenONE 系统的一部分，还能够链接系统中的其他软件，为它们提供运行数据，使 Aspen Plus 成为目前功能最全面的流程模拟软件。

（2）Pro/Ⅱ

Pro/Ⅱ是一个历史悠久的通用化工稳态流程模拟软件，起源于 1967 年 SimSci 公司开发的世界上第一个炼油蒸馏模拟器 SF05，随后扩展为过程模拟软件，并最终发展成为流程模拟领域影响力最大的通用稳态模拟系统之一，成为该领域的国际标准。

与 Aspen Plus 一样，Pro/Ⅱ拥有庞大的数据库（包含组分数据库和混合物数据库两类，组分数超过 1750 种）、强大的热力学物性计算系统、丰富的单元操作模块（包含闪蒸、精馏、换热器、反应器、聚合物和固体六大类模型）和稳定的流程计算能力，能够开展流程模拟与优化、物性回归、设备设计、费用估算/经济评价、环保测评等计算。

Pro/Ⅱ可以模拟从包括管道、阀门到复杂反应与分离过程在内的几乎所有生产装置和流程，在油/气加工、炼油、化学、化工、建筑、精细化工和制药等领域得到广泛应用，客户遍布全球各地。自 20 世纪 80 年代进入我国后，Pro/Ⅱ软件已经成为目前国内各设计院必备的流程模拟软件之一，工业应用效益显著。同时，与 Aspen Plus 一并成为大学化工类专业最常用的教学用软件系统。

（3）HYSYS

HYSYS 软件是世界著名油气加工模拟软件工程公司 Hyprotech 开发的大型专家系统软件。2002 年，Hyprotech 被 Aspen Tech 公司收购，HYSYS 随之也成为 AspenOne 系列工程软件中的一员，在石油化工模拟、仿真技术领域具有重要地位。

HYSYS 提供了一组功能强大的物性计算包，包括 20000 个交互作用参数和 4500 多个纯物质数据，针对 HYSYS 标准库没有包括的组分提供了严格的预测系统用以估算。软件还内置了单元操作模型、工艺参数优化器、方案分析器等模拟分析优化工具，设有人工智能系统，当输入的数据能满足系统计算要求时，人工智能系统会驱动系统自动计算。当数据输入发生错误时，该系统及时显示出错位置。此外，HYSYS 还可通过其动态链接库与 DCS 控制系统链接，读取装置的 DCS 数据，及向 DCS 写入数据，通过这种技术可以实现工业装置的在线优化控制、生产指导及仪表设计系统的离线调试。HYSYS 软件与同类软件相比具有非常好的操作界面，方便易学、软件智能化程度高。世界各大主要石油化工公司都在使用 Hyprotech 的产品，在国内几乎所有的油田设计系统都采用该软件进行工艺设计。

2.2　单元模型与自由度

2.2.1　单元模型

图 2-8 所示为一般单元模型的示意图。

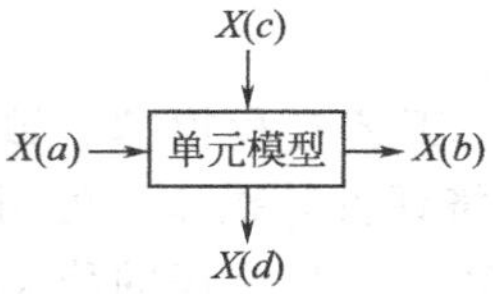

图 2-8　单元模型示意图

其中，$X(a)$ 为输入流股变量向量（包括热力学状态、流量和组成），$X(b)$ 为输出流股变量向量，$X(c)$ 为设备参数（或单元模块参数），$X(d)$ 为其他输出（如热量和功）。一般后面两项并非每个模块所必需。单元模型输入与输出的关系可表示为

$$X(b)=G_1[X(a), X(c)] \tag{2-1}$$

$$X(d)=G_2[X(a), X(c)] \tag{2-2}$$

式中，G_1 和 G_2 为单元模型的函数向量，它们的具体表达形式由特定过程单元的物料、能量、化学平衡方程、物性方程等确定。

2.2.2　单元的自由度

单元的自由度是指能够独立变化的变量数目。自由度定义：描述一个系统的 m 个变量数目与 n 个独立方程的数目之差，称为此系统的自由度，用 d 表示。

$$d=m-n \tag{2-3}$$

当 $m>n$ 时，则系统有 d 个自由度。说明在模型求解前，必须从 m 个变量中选出其中的 d 个并赋值，使模型变成 n 个变量与 n 个方程有定解的情况。

设计变量与状态变量：从 m 个变量中选取的 d 个变量称为设计变量，其他的 n 个变量称为状态变量，很明显，d 个变量的取值不同，模型求解的难易程度亦不同。由于 d 个变量的取值对模型的求解结果有影响，需要进行决策，也称为决策变量。

物流自由度：根据杜赫姆（Duhem）定理，对于一个已知每个组分初始质量的封闭体系，其平衡状态完全取决于两个独立变量，而不论该体系有多少相、多少组分或多少化学反应。根据该定理，可推知一个独立流股具有 $(C+2)$ 个自由度，或换一种说法，已知 $(C+2)$ 个独立变量即可确定一个独立流股。如规定了流股中 C 个组分的摩尔流量以及流股的温度和压力，则该流股就确定了。C 个组分的摩尔流量也可以用总流量和 $(C-1)$ 个组分的摩尔分数来代替。在此需注意一点：由于在利用杜赫姆定律求流股自由度的过程中，用到了流股的摩尔分数加和方程 $\sum_{i=1}^{C} x_i = 1$，所以在此后的化工单元及流程的自由度分析中，该方程不再作为独立方程列出，已隐含在流股 $(C+2)$ 个独立变量数的信息之中。

在进行具体化工单元自由度分析之前，应先注意两点：

① 一个涉及 C 个组分的系统只有 C 个独立的物料衡算方程，这是显而易见的。一般可列出 $(C+1)$ 个物料衡算方程，即总物料衡算方程和 C 个组分物料衡算方程。但其中只有 C 个是独立的，第 $(C+1)$ 个方程总可以由其他 C 个方程推导出来，不是独立的。

② 独立方程的类型主要包括物料平衡、焓平衡方程、相平衡方程、温度与压力平衡及其他有关的独立方程。在实际模拟计算中，有可能列出的方程不都是独立的，但只要涉及的变量数同步增加，对自由度 d 并不产生影响。例如物性参数及热力学参数的计算式中，增加一个焓计算方程 $H=f(T, p, X)$，就增加了一个变量 H。

对系统自由度和物流自由度进行定义后，下面对几个典型的单元作自由度分析。

2.2.2.1　混合器

图 2-9 为一混合器示意图，两个流股混合成一个流股，每个流股有 $(C+2)$ 个独立变量，该单元的独立变量数为

$$m=3(C+2)$$

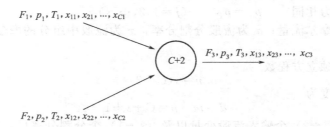

图 2-9　混合器示意图

该混合器的独立方程有：

压力平衡方程　　　$p_3=\min(p_1,p_2)$

物料衡算方程　　　$F_1x_{i1}+F_2x_{i2}=F_3x_{i3}$　　　$(i=1,2,\cdots,C)$

热量衡算方程　　　$F_1H_1+F_2H_2=F_3H_3$

式中，p 为压力；F 为流股的摩尔流量；x 为流股中组分的摩尔分数；H 为流股的比摩尔焓。

上述混合器的独立方程数

$$n=C+2$$

混合器的自由度为

$$d=m-n=3(C+2)-(C+2)=2(C+2)$$

可见两个独立流股混合过程的自由度为两个独立流股自由度之和，即相当于指定两个输入流股变量后，混合器出口流股的变量就完全确定了，可用 $(C+2)$ 个独立方程解出。也可指定包括输出流股在内的 $2(C+2)$ 个独立变量，用 $(C+2)$ 个方程求出输入流股中的某些变量。

2.2.2.2　分割器

图 2-10 为分割器的示意图，将一股输入物流按一定分率分割成 s 股物流，每个流股有 $(C+2)$ 个独立变量，设备参数为 $(s-1)$ 个分割分率值 [因为分割分率之和为 1，故在 s 个分割分率中只有 $(s-1)$ 个是可以被规定的]，该单元的独立变量数为

$$m=(s+1)(C+2)+(s-1)$$

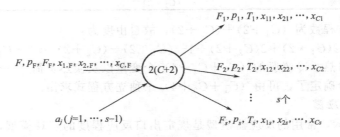

图 2-10　简单分割器示意图

上述分割器的独立方程有：

物料衡算方程　　　　$F = \sum\limits_{j=1}^{s} F_j$，$F_j - a_j F$　　　　（$j=1,2,\cdots,s-1$）

各组分组成相同　　　$x_{kj} = x_{kF}$　　　　（$k=1,2,\cdots,C-1$；$j=1,2,\cdots,s$）

各分支物流温度相同　$T_j = T_F$　　　　（$j=1,2,\cdots,s$）

各分支物流压力相同　$p_j = p_F$　　　　（$j=1,2,\cdots,s$）

式中，F 为流股的摩尔流量；a 为流股分割分率；x 为流股中组分的摩尔分数；T 为温度；p 为压力。

上述分割器的独立方程数

$$n = s(C+2)$$

分割器的自由度为

$$d = m - n = C + s + 1$$

可见当指定（$C+2$）个输入流股变量以及（$s-1$）个分割分率后，该分割器的 s 股输出物流的变量就完全确定了，即该简单分割器的自由度为（$C+2$）（$s-1$）。

2.2.2.3　闪蒸器

如图 2-11 所示，闪蒸器共有三个流股，此外，闪蒸器的加热量 Q 作为设备参数。故变量总数为 $3(C+2)+1$，闪蒸器的独立方程有：

物料衡算方程　$F_1 x_{i1} = F_2 x_{i2} + F_3 x_{i3}$　　　　（$i=1,2,\cdots,C$）

热量衡算方程　$F_1 H_1 + Q = F_2 H_2 + F_3 H_3$

温度平衡方程　$T_2 = T_3$

压力平衡方程　$p_2 = p_3$

相平衡方程　　$x_{i2} = k_i x_{i3}$　　　（$i=1,2,\cdots,C$）

这里共有 $2C+3$ 个独立方程。故闪蒸器的自由度为

$$d = 3(C+2)+1-(2C+3) = C+4$$

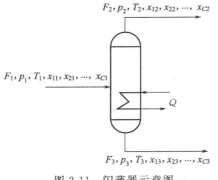

图 2-11　闪蒸器示意图

说明在进行闪蒸器计算时，除应给定输入流股的（$C+2$）个变量外，还需规定输出流股的两个变量，例如，闪蒸温度 T_2 和闪蒸压力 p_2。

2.2.2.4　换热器

如图 2-12 所示，换热器冷热两侧共有 4 个物流，两侧物流的组分数目分别为 C_1 与 C_2，此外，换热器还有一个换热负荷 Q 作为设备参数。故变量总数为 $2(C_1+2)+2(C_2+2)+1$，换热器的独立方程有：

方程名称	一侧方程数	另一侧方程数
物料衡算方程	C_1	C_2
热量衡算方程	1	1
压力变化	1	1
独立方程数	（C_1+2）	（C_2+2）

上述独立总方程数为（C_1+2）+（C_2+2），故自由度为：

$$d = 2(C_1+2)+2(C_2+2)+1-(C_1+2)-(C_2+2) = C_1+C_2+5$$

即当给定进口热、冷流股的（C_1+C_2+4）个变量以及换热负荷（一个变量）后，出口流股的变量就完全确定了，可由（C_1+C_2+4）个独立方程式求出。

2.2.2.5　反应器

如图 2-13 所示，常用的反应器模型是规定出口反应程度的宏观模型，可称"反应度模型"。不假定反应达到平衡，而是规定了 r 个独立反应的反应度 $\xi_i (i=1,2,\cdots,r)$。向反应

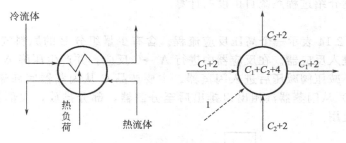

图 2-12 换热器单元示意图

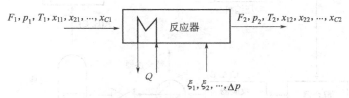

图 2-13 反应器单元示意图

提供的热量 Q（移出时 Q 为负值）和反应器中的压力降 Δp 是两个设备单元参数，所以共有 $r+2$ 个设备单元参数；独立方程数为 C 个组分物料平衡方程，1 个焓平衡方程，1 个压力平衡方程，即独立方程总数为 $C+2$。其自由度为

$$d=2(C+2)+(r+2)-(C+2)=C+r+4=(C+2)+(r+2)$$

说明在进行反应器计算时，除应给定输入流股的 $C+2$ 个变量外，还需要给定 $r+2$ 个设备单元参数。

通过对上述典型过程单元自由度的分析，我们可以归纳出过程单元的自由度计算公式为

$$d^{(U)}=\sum_{i=1}^{n}(C_i+2)+(s-1)+e+r+g$$

式中，$d^{(U)}$ 为过程单元的自由度；n 为输入流股数；C_i 为第 i 个输入流股的组分数；s 为通过衡算区时出现分支的输出流股数；e 为与物料流无关的能量流和压力变化引入的自由度；r 为反应单元的独立反应数；g 为几何自由度。对于模拟与控制，设备是给定的，几何变量是常数，故 $g=0$。

2.3 系统自由度

过程系统的自由度可在过程单元自由度分析的基础上，用下式确定

$$d^{(S)}=\sum_i d_i^{(U)}-\sum_j k_j^{(L)} \tag{2-4}$$

式中，$d^{(S)}$ 为系统的自由度；$\sum_i d_i^{(U)}$ 为组成该系统的各个过程单元的自由度之和；$\sum_j k_j^{(L)}$ 为过程单元之间各个连接流股的变量之和。

这个结论是基于每增加一个联结流股，就相应地增加 C_i+2 个联结方程这一事实得出的。联结流股变量数可由流股组分数 C_j 表示

$$k_j^{(L)}=C_j+2 \tag{2-5}$$

下面结合实例介绍过程系统自由度的计算。

【例 2-1】 图 2-14 表示一个高压反应流程。含有少量组分 B 的原料气 A 与循环流（以 A 为主）混合后进入反应器。在反应器中进行 A→C 反应，并产生压降 Δp。反应器出口流股经换热器冷却、减压阀减压后进入闪蒸器。主要产品 C 从闪蒸器底部流出，未反应的 A（及少量的 B 和 C）从闪蒸器汽相出口排出后至分割器，部分排放，大部分循环到压缩机，进行压缩后返回使用。

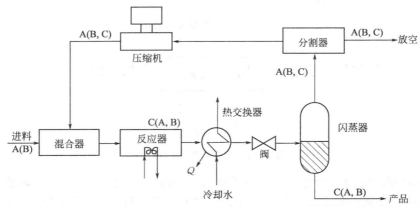

图 2-14　一个高压反应的简单流程

图 2-15 是图 2-14 中流程图的基本框图。图中标出了流股变量数。试对该系统进行自由度分析。

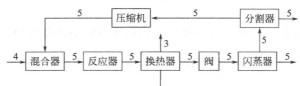

图 2-15　流程图的基本框图

解　各过程单元的自由度如表 2-1 所示。从表 2-1 得到该系统中各单元自由度之和为

$$\sum_i d_i^{(U)} = 51$$

表 2-1　过程单元的自由度

过程单元	$\sum_i (C_i + 2)$	$s_i - 1$	e_i	r	g_i	$d_i^{(U)}$
混合器	4+5=9	0	0	0	0	9
反应器	5	0	2 $(Q, \Delta p)$	1	0	8
换热器	5+3=8	0	1 (Q)	0	0	9
阀	5	0	1 (Δp)	0	0	6
闪蒸器	5	1	0	0	0	6
分割器	5	1	0	0	0	6
压缩机	5	0	2 $(W, \Delta p)$	0	0	7
合计	42	2	6	1	0	51

由图 2-15 可以得到，过程单元之间的联结流股数为 7，每个流股的变量数均为 5，所以

$$\sum_j k_j^{(L)} = 5 \times 7 = 35$$

分别代入式（2-4）后可以得到

$$d^{(S)} = \sum_i d_i^{(U)} - \sum_j k_j^{(L)} = 51 - 35 = 16$$

所以，图 2-14 中给出的过程系统的自由度为 16。

需要说明的是，自由度可以表明单元和系统的独立变量的数目，但它不能确定具体的独立变量，独立变量的选取依问题的求解目的不同亦不同，独立变量的选取对问题求解的难易程度有较大影响。

2.4　过程系统的结构模型

过程系统的数学模型由过程单元的数学模型和系统结构的数学模型构成，系统结构的数学模型描述了过程单元的连接关系。建立系统结构的数学模型需要分两步进行：第一步，将工艺流程图转化为有向图（信息流图）；第二步，基于有向图用矩阵表示系统结构模型。

2.4.1　系统结构的有向图描述

图 2-16 为氨合成系统的工艺流程简图，经过简单的转化可得信息流图，如图 2-17 所示，它由编号的结构单元和物流构成。结构单元也称为节点，它可以是一个单元设备，也可以是一个虚拟单元。在图 2-17 中，结构单元①为混合器，②为合成塔，③为分离器。其中①为虚拟单元，流程中没有此设备，但此处有流股混合，所以需在此处设一虚拟的混合单元。流程中的循环压缩机和冷却器在结构单元图中被略去，因为在这两个设备中物流的流量和组成并不发生变化（若要考虑能量流，这两个设备还是需要的）。

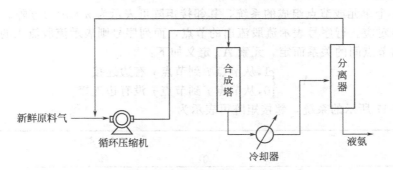

图 2-16　氨合成系统流程简图

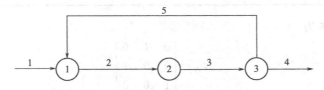

图 2-17　氨合成系统的信息流图

一旦将工艺流程图转化为信息流图，就可用图论方法研究过程系统的结构。根据图论中对图的定义，图是由节点和联结节点的弧组成的。弧又称为支线、直线或边。一个图可定义为

$$G=(X,U)$$

式中，$X=\{x_1,x_2,\cdots,x_n\}$ 为节点集合；$U=\{u_1,u_2,\cdots,u_n\}$ 为弧的集合。

当弧为有向的，图就为有向图。图对于过程模型化的意义在于：用图的节点表示系统中的过程单元，而单元间的物料流和能量流用有向弧表示，这样得到的一个有向图就作为相应过程系统的模型，从而可用图论的方法研究过程系统。

2.4.2　系统结构的矩阵表示

有了信息流图之后，就能够用矩阵来表示系统的结构。下面介绍过程矩阵、邻接矩阵和关联矩阵三种常用的表示方法。

（1）过程矩阵（process matrix）R_P

在过程矩阵中，矩阵行号与信息流图中节点序号或流程中单元设备序号对应。而各行中矩阵元素的数值为与该单元设备相关的物流号，并规定流入该节点的流股取正值，流出流股取负值。有关流股的先后次序是任意的。对于图 2-17 所示的系统，过程矩阵可表示为

单元设备序号	相关物流号		
①	1	5	−2
②	2	−3	
③	3	−4	−5

相应的过程矩阵为

$$R_P=\begin{bmatrix} 1 & 5 & -2 \\ 2 & -3 & 0 \\ 3 & -4 & -5 \end{bmatrix}$$

（2）邻接矩阵（adjacency matrix）R_A

一个由 n 个单元或节点组成的系统，其邻接矩阵可表示为 $n\times n$ 的方阵。其行和列的序号均与节点号对应。行序号表示流股流出的节点，而列序号则表示流股流入的节点。邻接矩阵中的元素由节点间的关系而定。元素 A_{ij} 定义如下：

$$A_{ij}=\begin{cases} 1, \text{从节点 } i \text{ 到节点 } j \text{ 有边连接} \\ 0, \text{从节点 } i \text{ 到节点 } j \text{ 没有边连接} \end{cases}$$

对于图 2-17 所示的系统，邻接矩阵可表示为

		流入节点 j		
		①	②	③
流出节点 i	①	0	1	0
	②	0	0	1
	③	1	0	0

相应的邻接矩阵为

$$R_A=\begin{bmatrix} 0 & 1 & 0 \\ 0 & 0 & 1 \\ 1 & 0 & 0 \end{bmatrix}$$

邻接矩阵的元素由 0、1 两种元素构成。该矩阵属布尔矩阵。

（3）关联矩阵（incidence matrix）R_I

在关联矩阵中，行序号与节点号对应，而列序号与物流号对应。矩阵中每个元素 S_{ij} 的下标 i、j 与节点、物流号对应。元素 S_{ij} 的值定义如下：

$$S_{ij} = \begin{cases} -1, & \text{流股 } j \text{ 为节点 } i \text{ 的输出流股} \\ 1, & \text{流股 } j \text{ 为节点 } i \text{ 的输入流股} \\ 0, & \text{流股 } i \text{ 与节点 } j \text{ 无关联} \end{cases}$$

对图 2-17 所示的系统，关联矩阵可表示为

节点	物流号				
	1	2	3	4	5
①	1	-1	0	0	1
②	0	1	-1	0	0
③	0	0	1	-1	-1
总和	1	0	0	-1	0

相应的关联矩阵为

$$R_I = \begin{bmatrix} 1 & -1 & 0 & 0 & 1 \\ 0 & 1 & -1 & 0 & 0 \\ 0 & 0 & 1 & -1 & -1 \end{bmatrix}$$

利用关联矩阵各列元素值之和可判别相应物流是系统内部物流，还是系统的输入、输出流。当 j 列元素值之和为零时，表示物流 j 是中间连接流；当总和为 1 时，表示 j 列物流是系统输入流（原料流）；当总和为 -1 时，表示 j 列物流是系统输出流（产品流）；当 j 列的总和为零，且 $+1$ 在 -1 之前出现，则表示该物流是循环物流。

以上介绍的过程矩阵、邻接矩阵及关联矩阵都是过程系统结构的数学模型，它们表达的系统结构是相同的，只是形式不同。它们是为了不同的需要建立起来的，各自适应于系统模型的不同求解方法。

本章小结

过程系统的模型是由过程单元模型和系统结构模型构成的。过程单元模型描述了过程单元输入变量与输出变量的关系，而系统结构模型描述了过程单元之间的连接关系。应用自由度分析能够确定过程单元和过程系统独立变量的数目。在进行模型计算之前，确定出自由度是非常重要的。工艺流程图转化为信息流图后，即可用矩阵表示系统结构。同一系统结构可用不同的矩阵表示，以用于不同的求解方法。

参考文献

［1］ 都健. 化工过程分析与综合. 北京：化学工业出版社，2017.
［2］ 张卫东，孙巍，刘君腾. 化工过程分析与合成. 第 2 版. 北京：化学工业出版社，2011.
［3］ 姚平经. 过程系统分析与综合. 大连：大连理工大学出版社，2004.
［4］ 张瑞生，沈才大. 化工系统工程基础. 上海：华东化工学院出版社，1991.
［5］ 刘宽，王铁刚，曹祖宾，等. 化工流程模拟软件的介绍与对比. 当代化工，2013，42（11）：1550-1553.

习　　题

2-1　假定一绝热平衡闪蒸。所有变量如图 2-18 所示，试确定①变量总数 m；②写出所有独立方程数 n；

③自由度数目 d；④为解决典型的绝热闪蒸问题，你将规定哪些变量？

2-2　图 2-19 所示的理想混合连续搅拌式反应器（CSTR）内进行可逆反应 $A_1 + A_2 \Longleftrightarrow A_3$，正反应为 2 级反应，逆反应为 1 级反应。试写出数学模型，并确定自由度。

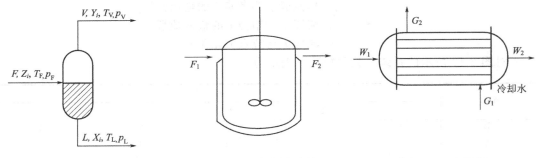

图 2-18　绝热平衡闪蒸　　　　　图 2-19　理想混合连续　　　　　图 2-20　冷凝器

搅拌式反应器（CSTR）

2-3　列出图 2-20 所示冷凝器（全凝器）的数学模型，并确定自由度。

2-4　图 2-21 为氯苯的生产流程图。试作出该系统的信息流图，并写出相应的过程矩阵、关联矩阵和邻接矩阵。

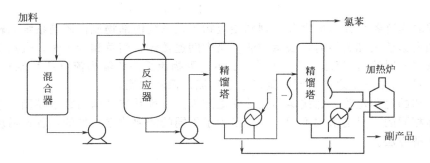

图 2-21　氯苯生产流程图

3 | 序贯模块法

3.1 序贯模块法的基本思想

序贯模块法的基础是单元模块，单元模块是依据相应过程单元的数学模型和求解算法编制而成的子程序。

序贯模块法的基本思想是：给定系统的输入物流变量，按照物流流动的方向，依次由单元模块的输入物流变量计算出输出物流变量，最终计算出系统的输出物流变量。由此计算得出过程系统中所有的物流变量值，即状态变量值。

序贯模块法的求解与过程系统的结构有关。当系统为无反馈联结（无再循环流）的结构时，系统的模拟计算顺序与过程单元的排列顺序是完全一致的。

当系统具有反馈联结的结构时，其中至少存在这样一个单元，其某个输入物流是后面某个单元的输出物流，这时就不能直接进行序贯求解计算。这种情况可用图 3-1(a) 所示的系统说明。

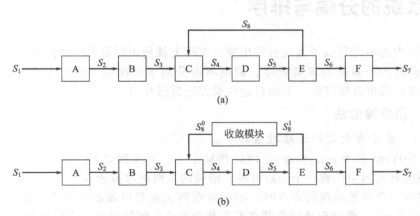

图 3-1　具有再循环的系统与收敛单元

该系统由六个单元组成，前两个单元 A 和 B 是独立的，可以按顺序单独求解，求出流股 S_2 和 S_3 的各个状态变量值。但是单元 C 不能单独求解，因为此时流股 S_8 的信息在单元 E 还未计算之前是未知的。在数学上，C、D、E 三个单元必须联立求解，才能得到 S_4、S_5、S_6 和 S_8。求出 S_6 之后，单元 F 可独立求解，得到 S_7 的状态变量值。

在用序贯模块法模拟计算具有再循环物流的系统时，采用的方法是断裂和收敛技术。通过断裂技术打开回路，以便序贯地对模块进行求解。在断裂物流处设置一个收敛单元，通过迭代使断裂流股变量收敛，如图 3-1(b) 所示。首先假定流股变量值 S_8^0，然后依次计算单元模块 C、D、E 得到物流变量值 S_8^1。收敛单元比较变量值 S_8^0 与 S_8^1。若不等，则改变

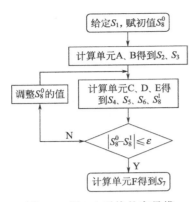

图 3-2　图 3-1 系统的序贯模块法计算框图

变量值 S_8^0，重复上述过程直到 S_8^1 与 S_8^0 两个变量值相等为止。图 3-2 给出了图 3-1 所示系统的序贯模块法计算框图。

从图 3-1(a) 可以看出，收敛单元不仅可以设置在物流 S_8 处，也可以设置在物流 S_4 或 S_5 处。对于复杂系统，收敛单元设置的位置不同，其效果亦不同。究竟设置在何处为好，这要通过断裂技术去解决。此外，如何保证计算收敛，如何加快收敛，这都取决于收敛算法。

综上所述，序贯模块法的模拟计算，通常有如下步骤：

① 将整个系统分隔成若干个相互之间不存在循环流的独立子系统；

② 确定各子系统的计算顺序；

③ 对包含循环流的子系统，确定断裂流股；

④ 确定循环流子系统内部各单元的计算顺序。

前两步称为系统分隔，即从系统中识别出所有相互独立的子系统，排出各子系统的计算顺序。独立子系统包括：①必须同时求解的若干单元的子系统；②可以单独求解的单元本身构成的子系统。后两步称为切断。系统的分隔和切断称为系统的分解，通过系统的分解，可以确定系统内所有单元的计算顺序，以便用序贯模块法求解系统模型。

3.2　系统的分隔与排序[1]

把原系统中的不可分隔子系统分解出来，实际上就是识别最大的回路问题，在识别的同时，还必须确定出子系统的求解顺序。识别不可分隔子系统的方法基本上可分为两大类：①通路搜索法；②可及矩阵法。下面对这两类方法进行介绍。

3.2.1　通路搜索法

3.2.1.1　基于有向图的通路搜索法

此法由 Sargent 和 Westerberg 于 1964 年提出[2]，其步骤如下：

① 从系统有向图中任意一个节点开始，沿弧的方向追踪搜索；

② 当找到一个重复出现的节点时，把所有在两次重复出现的节点之间的节点合并成一个新的"组合节点"，然后把该组合节点看作普通节点，继续沿弧的方向追踪；

③ 当找到一个没有任何输出的节点（包括组合节点）时，将其记录在次序表中，然后消去该节点及其所有输入弧；

④ 直到全部节点被消去，识别完毕。

注意：不论从哪个节点开始搜索，通路搜索法得到的分块和排序结果都是相同的，这表明系统的分块和排序具有唯一解。此法用过程矩阵表示流程结构时，很容易在计算机上实现。

下面以图 3-3 所示的系统为例，说明回路搜索过程。

【例 3-1】　用通路搜索法识别图 3-3 所示系统中的不可分隔子系统。

解　由任意节点 C 开始搜索，得到数串：

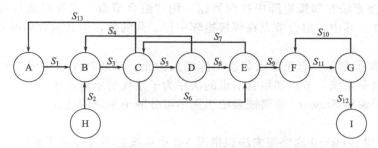

图 3-3 系统信息流图

$$C \rightarrow D \rightarrow E \rightarrow C$$

按通路搜索法步骤②，将其合成组合节点（CDE），原图变成图 3-4（a）。从组合节点（CDE）继续追踪，得到数串：

$$(CDE) \rightarrow B \rightarrow (CDE)$$

合并成组合节点（BCDE），得到图 3-4 (b)。继续追踪，得到数串：

$$(BCDE) \rightarrow A \rightarrow (BCDE)$$

合并成组合节点（ABCDE），继续追踪，得到数串：

$$(ABCDE) \rightarrow F \rightarrow G \rightarrow F$$

将节点 F、G 合并成另一组合节点（FG），得到图 3-4(c)。继续追踪，得到数串：

$$(ABCDE) \rightarrow (FG) \rightarrow I$$

至此，节点 I 无任何输出弧，再按通路搜索法步骤③，将 I 记录在次序表中，并消去节点 I 及其输入弧 S_{12}。得到数串：

$$(ABCDE) \rightarrow (FG)$$

组合节点（FG）无输出，消去（FG）及 S_9，并记录次序表。得到数串：

$$(ABCDE)$$

该组合节点无输出，消去（ABCDE）及 S_2，并记录次序表。至此，数串消失。原图中仅剩下无输出的节点 H，消去 H，并记录次序表。

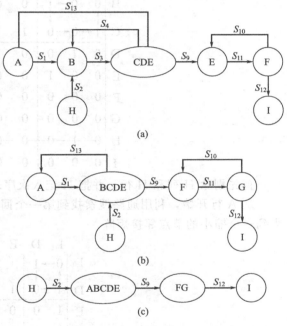

图 3-4 例3-1 求解过程图示

至此，全部节点均已被消去，追踪搜索完毕，得到的不可分隔子系统如下所示：

序　号	不可分隔子系统	序　号	不可分隔子系统
1	I	3	ABCDE
2	FG	4	H

3.2.1.2 基于邻接矩阵的通路搜索法

此法由 Steward 于 1965 年提出[3]，它是基于邻接矩阵的方法，步骤如下所述。

① 从邻接矩阵中剔除全为零的列及其对应的行（因为全为零列对应的节点意味着没有来自其他节点的输入流，因此可独立求解），并按剔除次序将其节点号列入次序表中，重复上述过程，直到无全零列为止。

② 由通路搜索法在邻接矩阵中找到回路，用"组合节点"代替组成回路的节点，并构造新的邻接矩阵。其中，组合节点在邻接矩阵中行、列的值，为其包含的所有节点行、列值的布尔加和。

③ 重复步骤①和②，直至节点邻接矩阵消失为止。求解次序表中的节点或组合节点分别代表不可分隔子系统，节点和组合节点的次序为子系统的求解次序。

下面用例子说明 Steward 通路搜索法识别不可分隔子系统的过程。

【例 3-2】 用 Steward 通路搜索法识别图 3-3 中系统的不可分隔子系统。

解　图 3-3 的节点邻接矩阵如下

$$
\begin{array}{c}
\quad\quad A\ B\ C\quad D\ E\ F\ G\ H\ I \\
\begin{array}{c}A\\B\\C\\D\\E\\F\\G\\H\\I\end{array}
\left[\begin{array}{ccc|ccccc|c}
0&1&0&0&0&0&0&0&0\\
0&0&1&0&0&0&0&0&0\\
1&0&0&1&1&0&0&0&0\\
\hline
0&1&0&0&1&0&0&0&0\\
0&0&1&0&0&1&0&0&0\\
0&0&0&0&0&0&1&0&0\\
0&0&0&0&0&1&0&0&1\\
0&1&0&0&0&0&0&0&0\\
0&0&0&0&0&0&0&0&0
\end{array}\right]
\end{array}
$$

首先剔除 H 列和 H 行，并把 H 记入次序表。

从 A 行开始，利用通路搜索找到第一个回路（A-B-C-A）；并用拟节点 L_1 代替该回路，得到一个缩小的节点邻接矩阵

$$
\begin{array}{c}
\quad\quad L_1\ D\ E\ F\ G\ I \\
\begin{array}{c}L_1\\D\\E\\F\\G\\I\end{array}
\left[\begin{array}{cc|cccc}
0&1&1&0&0&0\\
1&0&1&0&0&0\\
1&0&0&1&0&0\\
0&0&0&0&1&0\\
0&0&0&1&0&1\\
0&0&0&0&0&0
\end{array}\right]
\end{array}
$$

由于此矩阵中无全零列，故从 L_1 行开始，继续搜索回路。得到回路（L_1-D-L_1），用拟节点 L_2 代替回路后得到进一步缩小的节点邻接矩阵

$$
\begin{array}{c}
\quad\quad L_2\ E\ F\ G\ I \\
\begin{array}{c}L_2\\E\\F\\G\\I\end{array}
\left[\begin{array}{cc|ccc}
0&1&0&0&0\\
1&0&1&0&0\\
0&0&0&1&0\\
0&0&1&0&1\\
0&0&0&0&0
\end{array}\right]
\end{array}
$$

该矩阵中仍无全零元素列，继续搜索回路，得到回路（L₂-E-L₂），用节点 L₃ 代替后得

$$
\begin{array}{c}
\quad\quad \text{L}_3 \;\; \text{F} \;\; \text{G} \;\; \text{I} \\
\begin{array}{c}
\text{L}_3 \\
\text{F} \\
\text{G} \\
\text{I}
\end{array}
\left[
\begin{array}{cccc}
0 & 1 & 0 & 0 \\
0 & 0 & 1 & 0 \\
0 & 1 & 0 & 1 \\
0 & 0 & 0 & 0
\end{array}
\right]
\end{array}
$$

该矩阵中 L₃ 列为全零元素，剔除 L₃ 列和 L₃ 行，并记入次序表。从 F 行继续搜索回路，得到回路（F-G-F），用拟节点 L₄ 替代，得到矩阵

$$
\begin{array}{c}
\quad\quad \text{L}_4 \;\; \text{I} \\
\begin{array}{c}
\text{L}_4 \\
\text{I}
\end{array}
\left[
\begin{array}{cc}
0 & 1 \\
0 & 0
\end{array}
\right]
\end{array}
$$

剔除 L₄ 列和 L₄ 行，并记入次序表，最后，剔除 I 列，并记入次序表，原矩阵消失。最后得到的次序表如下：

序　号	节点(拟节点)	所含单元	序　号	节点(拟节点)	所含单元
1	H	H	3	L₄	F,G
2	L₃	A,B,C,D,E	4	I	I

可见，原系统可以分隔成（H）、（A-B-C-D-E）、（F-G）、（I）四个子系统。

3.2.2　可及矩阵法

利用可及矩阵法识别不可分隔子系统的方法是由 Himmelblau 于 1966 年提出的[4]。可及矩阵 $\boldsymbol{R}^*$ 定义为节点邻接矩阵 $\boldsymbol{R}$ 连续幂的布尔和

$$
\boldsymbol{R}^* = \boldsymbol{R} \cup \boldsymbol{R}^2 \cup \boldsymbol{R}^3 \cdots \cup \boldsymbol{R}^\lambda = \bigcup_{k=1}^{\lambda} \boldsymbol{R}^k \tag{3-1}
$$

式中，$\boldsymbol{R}^k$ 表示有向图节点邻接矩阵 $\boldsymbol{R}$ 的 k 次幂矩阵。

该矩阵的矩阵间运算遵循矩阵代数规则，如式(3-2) 所示；矩阵元素间运算遵循布尔代数原则，如式(3-3)～式(3-5) 所示。

$$
c_{ij} = \sum_{k=1}^{n} a_{ik} b_{kj} \quad (i=1,\cdots,l; \; j=1,\cdots,m) \tag{3-2}
$$

布尔乘法 $\quad\quad\quad\quad\quad a \bigcap b = \min(a,b) \tag{3-3}$

布尔加法 $\quad\quad\quad\quad\quad a \bigcup b = \max(a,b) \tag{3-4}$

$$
c_{ij} = \bigcup_{k=1}^{n} a_{ik} \bigcap b_{kj} \quad (i=1,\cdots,l; \; j=1,\cdots,m) \tag{3-5}
$$

式中，c_{ij} 为矩阵中第 i 行第 j 列的元素，若 $c_{ij}=1$，则表示从节点 i 经过 k 条弧可以到达节点 j；若 $c_{ii}=1$，表示从节点 i 经过 k 条弧可返回到节点 i，说明形成了含有 k 条弧的回路，回路路径上的节点不可分割。

【例3-3】　如图 3-5 所示的系统信息流图，写出其邻接矩阵及该邻接矩阵的二次幂。

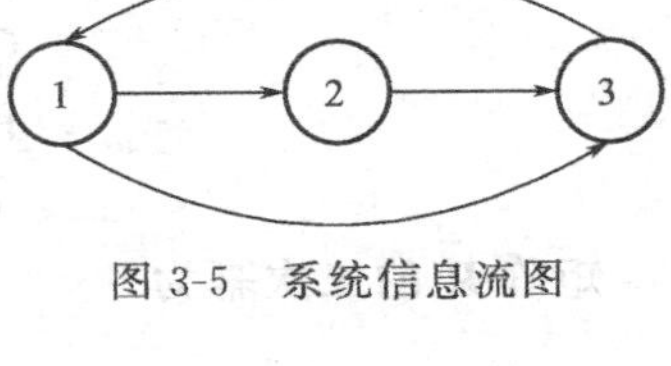

图 3-5　系统信息流图

解　该信息流图节点邻接矩阵为

$$\boldsymbol{R} = \begin{bmatrix} 0 & 1 & 1 \\ 0 & 0 & 1 \\ 1 & 0 & 0 \end{bmatrix}$$

$$\boldsymbol{R}^2 = \begin{bmatrix} 0 & 1 & 1 \\ 0 & 0 & 1 \\ 1 & 0 & 0 \end{bmatrix} \begin{bmatrix} 0 & 1 & 1 \\ 0 & 0 & 1 \\ 1 & 0 & 0 \end{bmatrix} = \begin{bmatrix} c_{11} & c_{12} & c_{13} \\ c_{21} & c_{22} & c_{23} \\ c_{31} & c_{32} & c_{33} \end{bmatrix} = \begin{bmatrix} 1 & 0 & 1 \\ 1 & 0 & 0 \\ 0 & 1 & 1 \end{bmatrix}$$

矩阵中各元素值计算过程如下：

$$c_{11} = \{0 \cap 0\} \cup \{1 \cap 0\} \cup \{1 \cap 1\} = \{0\} \cup \{0\} \cup \{1\} = 1$$

$$c_{12} = \{0 \cap 1\} \cup \{1 \cap 0\} \cup \{1 \cap 0\} = \{0\} \cup \{0\} \cup \{0\} = 0$$

$$c_{13} = \{0 \cap 1\} \cup \{1 \cap 1\} \cup \{1 \cap 0\} = \{0\} \cup \{1\} \cup \{0\} = 1$$

$$c_{21} = \{0 \cap 0\} \cup \{0 \cap 0\} \cup \{1 \cap 1\} = \{0\} \cup \{0\} \cup \{1\} = 1$$

$$c_{22} = \{0 \cap 1\} \cup \{0 \cap 0\} \cup \{1 \cap 0\} = \{0\} \cup \{0\} \cup \{0\} = 0$$

$$c_{23} = \{0 \cap 1\} \cup \{0 \cap 1\} \cup \{1 \cap 0\} = \{0\} \cup \{0\} \cup \{0\} = 0$$

$$c_{31} = \{1 \cap 0\} \cup \{0 \cap 0\} \cup \{0 \cap 1\} = \{0\} \cup \{0\} \cup \{0\} = 0$$

$$c_{32} = \{1 \cap 1\} \cup \{0 \cap 0\} \cup \{0 \cap 0\} = \{1\} \cup \{0\} \cup \{0\} = 1$$

$$c_{33} = \{1 \cap 1\} \cup \{0 \cap 1\} \cup \{0 \cap 0\} = \{1\} \cup \{0\} \cup \{0\} = 1$$

此处，若 $\boldsymbol{R}^2$ 矩阵中元素 c_{ij} 值为 1，表示信息流图中从节点 i 出发，经过两条弧可以到达节点 j。例如 $c_{11} = 1$ 表示从节点 1 出发经过两条弧可以回到节点 1，其图中路径为：①→③→①；又如 $c_{32} = 1$，表示从节点 3 出发经过两条弧可到达节点 2，其图中路径为：③→①→②。

根据可及矩阵的定义和邻接的特点可以得出结论：可及矩阵包括了网络中节点间相互联结的全部信息。在可及矩阵中，凡是满足式(3-6)的节点集合以及节点间联结弧的集合构成不可分隔子系统。

$$r_{ij} = r_{ji} = 1 \tag{3-6}$$

下面以图 3-3 所示的系统为例，说明用可及矩阵法识别不可分隔子系统的步骤。

【例 3-4】 用可及矩阵法识别图 3-3 网络所含的不可分隔子系统。

解 该网络的节点邻接矩阵为

	A	B	C	D	E	F	G	H	I
A		1							
B			1						
C	1			1	1				
D		1			1				
E		1				1			
F							1		
G					1				1
H	1								
I									

（$\boldsymbol{R}=$，行列标题为 A B C D E F G H I）

矩阵 $\boldsymbol{R}$ 的二次幂为

$$
\boldsymbol{R}^2=
\begin{array}{c}
\ \\ A\\ B\\ C\\ D\\ E\\ F\\ G\\ H\\ I
\end{array}
\begin{array}{c}
\begin{array}{ccccccccc}A&B&C&D&E&F&G&H&I\end{array}\\
\left[
\begin{array}{ccccccccc}
 & & 1 & & & & & & \\
 & & & 1 & 1 & & & & \\
 & 1 & & 1 & & 1 & & 1 & \\
 & & & 1 & & & & 1 & \\
1 & & & & 1 & 1 & & 1 & \\
 & & & & & & 1 & & 1 \\
 & & & & & & 1 & & \\
 & & 1 & 1 & & & & & \\
 & & & & & & & &
\end{array}
\right]
\end{array}
$$

矩阵 $\boldsymbol{R}$ 的三次幂为

$$
\boldsymbol{R}^3=
\begin{array}{c}
\ \\ A\\ B\\ C\\ D\\ E\\ F\\ G\\ H\\ I
\end{array}
\begin{array}{c}
\begin{array}{ccccccccc}A&B&C&D&E&F&G&H&I\end{array}\\
\left[
\begin{array}{ccccccccc}
1 & & & 1 & 1 & & & & \\
 & 1 & 1 & & & 1 & & & \\
1 & & 1 & 1 & 1 & 1 & & & \\
1 & & & 1 & 1 & & & 1 & \\
 & 1 & 1 & 1 & 1 & 1 & & 1 & \\
 & & & & & & 1 & & 1 \\
 & & & & & & 1 & & 1 \\
1 & & & 1 & 1 & & & & \\
 & & & & & & & &
\end{array}
\right]
\end{array}
$$

可及矩阵 $\boldsymbol{R}^*$ 为

$$
\boldsymbol{R}^*=\boldsymbol{R}\cup\boldsymbol{R}^2\cup\boldsymbol{R}^3=
$$

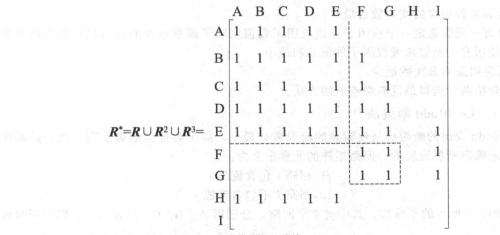

从可及矩阵 $\boldsymbol{R}^*$ 中可得到两个不可分隔子系统

$$L_1=(A,B,C,D,E)$$
$$L_2=(F,G)$$

与它们对应的矩阵元素都符合式(3-6)。从矩阵 $\boldsymbol{R}^*$ 中还可以得到子系统的计算顺序，H 节点无输入，其输出信息是子系统 L_1 的输入，L_1 的输出是 L_2 的输入，L_2 的输出是节点 I 的输入。

用计算机计算可及矩阵时，为了存储 $\boldsymbol{R}$ 矩阵的连续幂往往要占用大量的存储空间。为

了节省存储空间，可做如下处理。由于

$$R^* \cup I = R \cup R^2 \cup R^3 \cdots \cup R^\lambda \cup I = (R \cup I)^\lambda \tag{3-7}$$

所以计算 $R \cup I$ 的连续幂可得到 $R^* \cup I$。此外，在可及矩阵法识别中不涉及矩阵元素 r_{ij}^*，因而在识别不可分隔子系统的过程中，$R^* \cup I$ 与 R^* 是等价的。这样便可利用 $R \cup I$ 的 λ 次幂矩阵识别不可分隔子系统，从而避免存储矩阵的连续幂矩阵，节省了存储空间。

最后需要指出的是，可及矩阵未指出 λ 的取值范围。一般来说，n 个节点构成的网络中最大回路尺寸的上限为 n，所有可及矩阵的连续幂应计算到 $\lambda = n$ 时为止。然而对于大网络，这样做是不经济的。经济的方法是，可及矩阵中出现子系统时用拟节点取代，以缩小矩阵的规模，从而减少存储单元和计算量。然后对由拟节点和其他节点构成的矩阵求可及矩阵。如此反复，直至 $\lambda = n$ 时为止。

可及矩阵法具有数学基础，其方法较严谨、简单，易于在计算机上实现。

3.3　再循环的流股断裂

由 3.2 节介绍的系统分隔方法可以把相互之间不存在循环流的独立子系统识别出来，并确定出计算顺序。这些独立子系统中，有的只含有一个单元，有的含有一个循环回路，有的含有多个循环回路。这一节讨论如何选择断裂流股，把具有回路的子系统的所有循环回路断裂开，从而确定出计算顺序。为使断裂流股稳定快速的收敛，存在一个最优断裂流股集合的选择问题，为解决该问题，首先需要确定最优断裂流股集合的判别准则。一般采用的最佳断裂准则有以下四类：

① 断裂的流股数最少；

② 断裂流股包含的变量数目最少；

③ 对每一流股选定一个权因子，该权因子数值反映了断裂该流股时迭代计算的难易程度，应当使所有的断裂流股权因子数值总和最小；

④ 断裂回路的总次数最少。

下面介绍两种选择最优断裂流股的方法。

3.3.1　Lee-Rudd 断裂法[5]

Lee-Rudd 提出的断裂法是使断裂的流股数目最少，属①类最佳断裂准则。此法是基于回路矩阵来确定断裂流股的。回路矩阵的元素定义为：

$$r_{ij} = \begin{cases} 1, & \text{回路 } i \text{ 包含流股 } j \\ 0, & \text{回路 } i \text{ 不包含流股 } j \end{cases}$$

例如图 3-6 所示的子系统，其中有 4 个回路，分别用 A、B、C、D 表示，它们分别包含

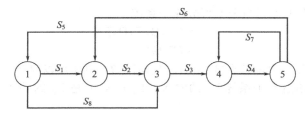

图 3-6　回路子系统

的流股有：

回路 A：S_5，S_8　　　　　　　　回路 C：S_1，S_2，S_5

回路 B：S_2，S_3，S_4，S_6　　　回路 D：S_4，S_7

相应的回路矩阵为

$$
\begin{array}{c}
\begin{array}{ccccccccc} S_1 & S_2 & S_3 & S_4 & S_5 & S_6 & S_7 & S_8 & R \end{array}\\
\begin{array}{c} A \\ B \\ C \\ D \\ f \end{array}
\left[\begin{array}{cccccccc|c}
0 & 0 & 0 & 0 & 1 & 0 & 0 & 1 & 2 \\
0 & 1 & 1 & 1 & 0 & 1 & 0 & 0 & 4 \\
1 & 1 & 0 & 0 & 1 & 0 & 0 & 0 & 3 \\
0 & 0 & 0 & 1 & 0 & 0 & 1 & 0 & 2 \\
1 & 2 & 1 & 2 & 2 & 1 & 1 & 1 & \\
\end{array}\right]
\end{array}
$$

矩阵中 f 称为流股频率，指某一流股出现在各回路的次数，数值上等于矩阵中每一列元素的代数和；R 称为回路的秩，指某一回路中包含的流股总数，即矩阵每一行元素的代数和。这四个回路的共同特点是它们都包含两个及以上流股，回路中任何单元只被通过一次，称作简单回路。基于上述回路矩阵，找出切断流股的方法如下。

① 除去不独立的 k 列　若第 j 列流股频率 f_j 与第 k 列流股频率 f_k 有不等式 $f_j \geqslant f_k$ 成立，且 k 列中值为 1 的元素所在行 j 列的元素也为 1，则 k 列不是独立的，即物流 k 所构成的所有回路是另一股物流 j 构成的回路子集，也就是说，断裂物流 j 后，物流 k 所在的回路也将断裂。

② 选择断裂流股　在余下的回路矩阵中，找出秩为 1 的行，该行中值为 1 元素所在列即为断裂流股，因为秩为 1 的回路只含一条独立的流股，要切断该回路只要切断这条边，划去切断边和切断边参与的全部回路。

在余下的回路矩阵中找出秩为 2（3，4，…）的回路，在有关流股中选择其中之一作为切断边，将该回路切断，除去该切断边和被切断的回路。

依此类推，直到所有回路均被切断。

下面以图 3-6 的回路子系统为例，应用上述步骤来确定最优的断裂流股组。

【例 3-5】　应用 Lee-Rudd 断裂法确定图 3-6 回路子系统的最优断裂流股。

解　由步骤①，在回路矩阵中，由于 S_1、$S_3 \subset S_2$，S_6、$S_7 \subset S_4$ 和 $S_8 \subset S_5$，所以除去不独立的流股 S_1、S_3、S_6、S_7 和 S_8。

由步骤②，在余下的回路矩阵中，有两个秩为 1 的行，两行中值为 1 元素所在列是 S_4 和 S_5，它们就是断裂流股。当断裂 S_4 时，B、D 两回路断开，当断裂 S_5 时，A、C 两回路断开。即 S_4 和 S_5 两个流股断裂后，所有回路被打开。至此，断裂流股的选择结束。

$$
\begin{array}{c}
\begin{array}{cccccccc} S_1 & S_2 & S_3 & S_4 & S_5 & S_6 & S_7 & S_8 \end{array}\\
\begin{array}{c} A \\ B \\ C \\ D \end{array}
\left[\begin{array}{cccccccc}
0 & 0 & 0 & 0 & 1 & 0 & 0 & 1 \\
0 & 1 & 1 & 1 & 0 & 1 & 0 & 0 \\
1 & 1 & 0 & 0 & 1 & 0 & 0 & 0 \\
0 & 0 & 0 & 1 & 0 & 0 & 1 & 0 \\
\end{array}\right]
\end{array}
\xrightarrow[\substack{S_6,S_7 \subset S_4 \\ S_8 \subset S_5}]{S_1,S_3 \subset S_2}
\begin{array}{c}
\begin{array}{ccc} S_2 & S_4 & S_5 & R \end{array}\\
\begin{array}{c} A \\ B \\ C \\ D \end{array}
\left[\begin{array}{ccc|c}
0 & 0 & 1 & 1 \\
1 & 1 & 0 & 2 \\
1 & 0 & 1 & 2 \\
0 & 1 & 0 & 1 \\
\end{array}\right]
\end{array}
\xrightarrow{\text{断裂}S_4,S_5} [\varPhi]
$$

当所有回路断裂后，该子系统的计算顺序即可确定，图 3-7 为子系统的计算框图。首先，对 S_4 和 S_5 两个断裂流股赋初值 S_4^0、S_5^0，然后，按单元①⑤②③④的顺序计算出各个单元的输出流股，最后，将断裂流股的初值与计算值进行比较，若不满足精度，则迭代计

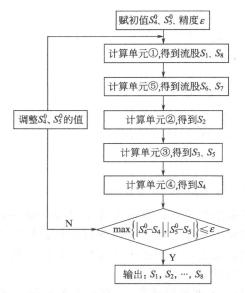

图 3-7　图 3-6 回路子系统的断裂计算框图

算，直到满足精度，计算结束。图 3-7 中，如何调整和改进新的初值 S_4^0、S_5^0，以保证迭代稳定和加快收敛是一个关键问题，将在 3.4 节详细讨论。

3.3.2　Upadhye-Grens 断裂法[6]

一个不可分隔子系统可以包括若干个简单回路。能够把全部简单回路至少断裂一次的断裂流股组称为有效断裂组。有效断裂组可以分为多余断裂组和非多余断裂组两种。如果从一个有效断裂组中至少可以除去一个流股，得到的断裂组仍为有效断裂组，或者该有效断裂组存在对某个回路的二次断裂，则原有效断裂组为多余断裂组，否则为非多余断裂组。

基于有效断裂组，美国加州大学的 Upadhye 等提出了一种类似动态规划法的寻求最佳断裂物流的算法。考察图 3-8 给出的不可分隔子系统及其相应的回路矩阵。

流股

回路	S_1	S_2	S_3	S_4	S_5	S_6	S_7
A	[0	1	0	1	0	0	0]
B	[1	1	0	0	1	0	0]
C	[1	1	1	0	0	1	0]
D	[0	1	1	0	0	0	1]
权重 W_j	2	9	2	3	3	4	2

为了能够降维求解该不可分隔子系统，需将该子系统中的回路进行断裂。从图 3-8 的回路矩阵可见，断裂物流 S_2 或是断裂物流 S_1、S_4、S_7（断裂物流组）都可以实现回路（A、B、C、D）的断裂，这说明使回路达到断裂的方案并不是唯一的，因此需要把最优断裂组选择出来，以提高计算求解效率。对此，Upadhye 等提出了搜索断裂组的替代规则，具体描述如下：

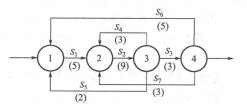

图 3-8　不可分隔子系统（括号内数值为流股的权重因子）

令 $\{D_1\}$ 为一有效断裂组，A_i 为全部输入流均属于 $\{D_1\}$ 的单元。将 A_i 的所有输入流股用 A_i 的全部输出流股替代，构成新的断裂组。令得到的新的断裂组为 $\{D_2\}$，则：①$\{D_2\}$ 也是有效断裂组；②对于直接迭代，$\{D_2\}$ 与 $\{D_1\}$ 具有相同的收敛性质。

由替代规则联系起来的所有断裂组的集合，称为断裂族。因而，从某一有效断裂组出发，反复利用替代规则可以得到属于同一断裂族的全部断裂组。断裂族的类型可以分为三类。

① 非多余断裂族　不含有多余断裂组的断裂族；
② 多余断裂族　仅含有多余断裂组的断裂族；
③ 混合断裂族　同时含有多余断裂组和非多余断裂组的断裂族。

基于上述思路，寻找最优断裂组的步骤如下：

① 从任一有效断裂组开始，运用替代规则产生新的断裂组。
② 如果在任何一步中出现被断裂两次的物流（二次断裂组），则消去其中的重复物流。

消去重复后断裂组则作为下一步搜索的新起点。

③ 重复步骤①、②，直到不再有二次断裂组出现，且每个"树枝"上有重复的断裂组出现时为止。从最后一个新的起点开始，其后出现的所有不重复的断裂组成为非多余断裂组。

④ 非多余断裂组中总权重值最小的断裂组为最优断裂组。

【例 3-6】　用 Upadhye-Grens 断裂法寻求图 3-8 中的最优断裂组。

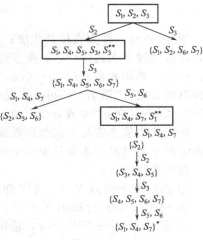

解　从有效断裂组 $\{S_1, S_2, S_3\}$ 开始，反复利用替代规则，过程如图 3-9 所示。图中箭头侧标注的物流为被替代的物流。

图 3-9 中标记 ** 表示找到多余断裂组，消去重复物流后，再重新开始替代过程。标记 * 表示重复出现的断裂组，替代过程终止，从图 3-9 的替代过程中找出了如下的非多余断裂族：

$\{S_2\}, \{S_3, S_4, S_5\}, \{S_4, S_5, S_6, S_7\}, \{S_1, S_4, S_7\}$

由步骤④得到它们相应的总权重值为：

$9, 3+3+2=8, 3+2+5+3=13, 5+3+3=11$

所以，断裂组 $\{S_3, S_4, S_5\}$ 为最优断裂组。通过断裂该组物流就可以把不可分隔子系统中的回路打开，从而可以利用序贯模块法对该过程系统进行模拟计算。

图 3-9　替代过程

3.4　流股变量收敛

过程系统经过分隔和再循环网的断裂后，对所有断裂流股中的全部变量给定一初值，即可按顺序对该系统进行模拟计算。为使断裂流股变量迭代收敛，需要选择有效的迭代方法，以使断裂流股变量达到收敛解。下面介绍几种常用的迭代收敛方法。

（1）直接迭代法

直接迭代法是一种最简单的适用于求解显式方程式的迭代方法。其迭代公式为

$$X^{(k+1)} = g(X^{(k)}) \tag{3-8}$$

直接迭代法的特点是收敛比较稳定，但收敛较慢。

迭代计算的步骤为：

① 给定初值 $X^{(0)}$ 和精度 ε，$k \Leftarrow 0$；

② 用式（3-8）计算出 $X^{(k+1)}$；

③ 若 $|X^{(k+1)} - X^{(k)}| \leqslant \varepsilon$，输出 $X^{(k+1)}$，停止计算，否则，$X^{(k)} \Leftarrow X^{(k+1)}$，$k \Leftarrow k+1$，转到②。

（2）部分迭代法

部分迭代法是对直接迭代法的一种改进，其迭代公式为

$$X^{(k+1)} = qX^{(k)} + (1-q)g(X^{(k)}) \tag{3-9}$$

式中，q 为阻尼因子，可人为给定。当 $q=0$ 时，式（3-9）变为直接迭代法；当 $0<q<1$ 时，为加权直接迭代，可改善收敛的稳定性；当 $q<0$ 时，为外推直接迭代，可以加速收敛，但稳定性下降；$q \geqslant 1$ 没有意义。

（3）韦格斯坦法（Wegstein method）

韦格斯坦法

Wegstein 法（1958）是一种应用最为广泛的迭代方法。其迭代公式为

$$X^{(k+1)} = qX^{(k)} + (1-q)g(X^{(k)}) \qquad (3\text{-}10)$$

其中

$$q = \frac{s}{s-1} \qquad (3\text{-}11)$$

$$s = \frac{g(X^{(k)}) - g(X^{(k-1)})}{X^{(k)} - X^{(k-1)}} \qquad (3\text{-}12)$$

当 $q=0$ 时，即为直接迭代法；当 $0<q<1$ 时，则变为部分迭代法。在实际的迭代计算中，此法经过几次迭代后，q 逐步达到一个比较稳定的值，可以根据 q 值大小判别收敛性质：$q<0$，单调收敛；$0<q<0.5$，振荡收敛；$0.5<q<1$，振荡发散；$q>1$，单调发散。这样就引出了"限界 Wegstein 法"，即人为地把 q 限制在一定范围内，通常，推荐 $-5<q<0$，且在 $q>0$ 或 $q<-10$ 时，令 $q=0$。

此法的收敛速度具有超线性收敛的性质，比部分迭代法和直接迭代法快。显然这一迭代法需设两个初值点，通常只设一个初始点，第 2 个初始点采用直接迭代法得到。

迭代步骤如下：

① 给定两个初值 $X^{(0)}$、$X^{(1)}$ 和精度 ε，$k \Leftarrow 0$；

② 用式(3-10) 计算出 $X^{(k+1)}$；

③ 若 $|X^{(k+1)} - X^{(k)}| \leqslant \varepsilon$，输出 $X^{(k+1)}$，停止计算，否则，$X^{(k)} \Leftarrow X^{(k+1)}$，$X^{(k-1)} \Leftarrow X^{(k)}$，$k \Leftarrow k+1$，转到②。

【例 3-7】 用序贯模块法求解图 3-10 所示的子系统，并用直接迭代法对断裂流股进行收敛计算。单元 1 和单元 2 为流股混合器，单元 3 为分离器。系统输入流的流量 $x_1 = x_6 = 100\text{kmol/h}$，进入分离器的物流有 20% 返回单元 1。求该子系统输出的流量 x_4，精确到 1 位小数。

解 列出各单元的数学模型

单元 1：$x_2 = x_1 + x_5 = 100 + x_5$

单元 2：$x_3 = x_2 + x_6 = x_2 + 100$

单元 3：$\begin{cases} x_5 = 0.2x_3 \\ x_4 = x_3 - x_5 \end{cases}$

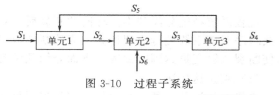

图 3-10 过程子系统

表 3-1 迭代计算结果

变量	迭代次数					
	1	2	3	4	5	6
x_5^0	0	40	48	49.6	49.9	50.0
x_2	100	140	148	149.6	149.9	150.0
x_3	200	240	248	249.6	249.9	250.0
x_5	40	48	49.6	49.9	50	50.0

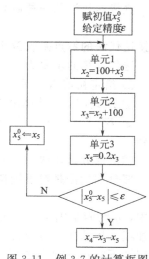

图 3-11 例 3-7 的计算框图

选 S_5 为断裂流股，序贯计算和直接迭代的计算框图如图 3-11 所示。表 3-1 列出了此例的迭代计算结果。收敛解为：

$x_2 = 150\text{kmol/h}$，$x_3 = 250\text{kmol/h}$，$x_5 = 50\text{kmol/h}$，$x_4 = x_3 - x_5 = 200\text{kmol/h}$

3.5　序贯模块法解设计问题[6]

　　一般设计问题往往要对产品物流变量以及中间物流变量提出某些设计规定需求，例如对产品提出的浓度要求。由于序贯模块法具有计算方向不可逆的特点，单元模块的计算只能按从输入到输出的方向进行，因而不能将设计规定要求直接指定为决策变量，只能通过调整某些决策变量或系统参数使计算结果满足设计要求。从数学的观点解释，这实际上是一个方程求根过程

$$C(p)=H(p)-D=0 \tag{3-13}$$

式中，D 为规定向量；p 为决策变量与系统参数向量；H 为过程系统方程组。

　　在这个运算过程中，通过调整参数 p 及迭代计算，最终使计算值 $H(p)$ 与设计规定 D 相等。这个过程是通过设置"控制模块"来实现的。

　　例如图 3-12 为一个具有再循环物流的流程，设置有控制模块的过程模拟系统，通过调整反应温度使产品物流 S_5 满足设计规定。计算步骤如下：

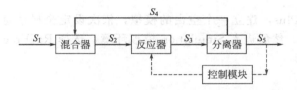

图 3-12　具有再循环物流的过程系统

① 估计反应单元的温度为 T，给定 S_5 的设计规定 S_5^0；
② 估计再循环物流 S_4^0；
③ 依次计算混合单元、反应单元、分离单元，得到新的 S_4^1 的值；
④ 比较 S_4^0 与 S_4^1，若两者相等则进行下一步，若不相等则返回②；
⑤ 比较 S_5 和设计值，若两者不相等则返回①，若相等则计算结束。

图 3-13 给出了此问题的迭代计算框图。

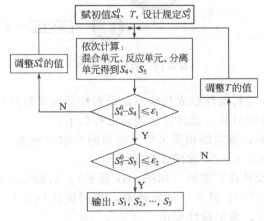

图 3-13　图 3-12 过程系统的迭代计算框图

控制模块的设置增加了迭代循环圈，这也必然导致计算量的增加。为了提高收敛速度，有人提出了联立求解再循环物流方程和设计方程。

$$\begin{cases} G(x,p)-x=0 \\ H(x,p)-D=0 \end{cases} \tag{3-14}$$

这就是所谓的同时收敛。即使断裂物流变量 x 和系统参数 p 同时逼近收敛解，加快了收敛速度。

【例 3-8】 某厂甲醇提纯车间采用精馏脱水，进料条件列于下表：

温度/℃	压力/MPa	流率/(kmol/h)	组成(摩尔流量)/(kmol/h)	
			甲醇	水
20	0.2	160	100	60

已知该精馏塔的理论板数为 16，原料从第 8 块塔板进入，塔顶压力为 0.1MPa，回流比初始值为 0.6，塔顶物料流量为 100kmol/h。若要求塔顶甲醇产品摩尔分数为 0.99，问此时回流比为多少。

解 启动 Aspen Plus，建立一个空白的模拟，依次设定全局信息、输入过程组分，选择物性方法（NRTL）。然后进入 Simulation 模拟环境，选择 RadFrac 单元及物流，建立如图 3-14 所示的流程图。

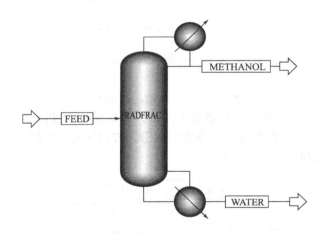

图 3-14　例3-8 流程图

根据题目要求，输入进料条件组成与状态，设置精馏塔参数后创建设计规定，通过改变回流比来满足塔顶产品纯度目标。设计规定创建过程如下：

① 定义设计规定目标，规定塔顶蒸出物流中甲醇摩尔分数为 0.99，选择回流比为操纵变量，设定其变化范围为 0.5~2，如图 3-15 所示。

② 运行模拟，查看设计规定结果（如图 3-16 所示），初始设计回流比为 0.6，塔顶馏出物流中甲醇摩尔分数为 0.969，经设计规定计算，当回流比调整到 0.98 时，塔顶产品中甲醇的摩尔分数可达到 0.99，满足设计要求。

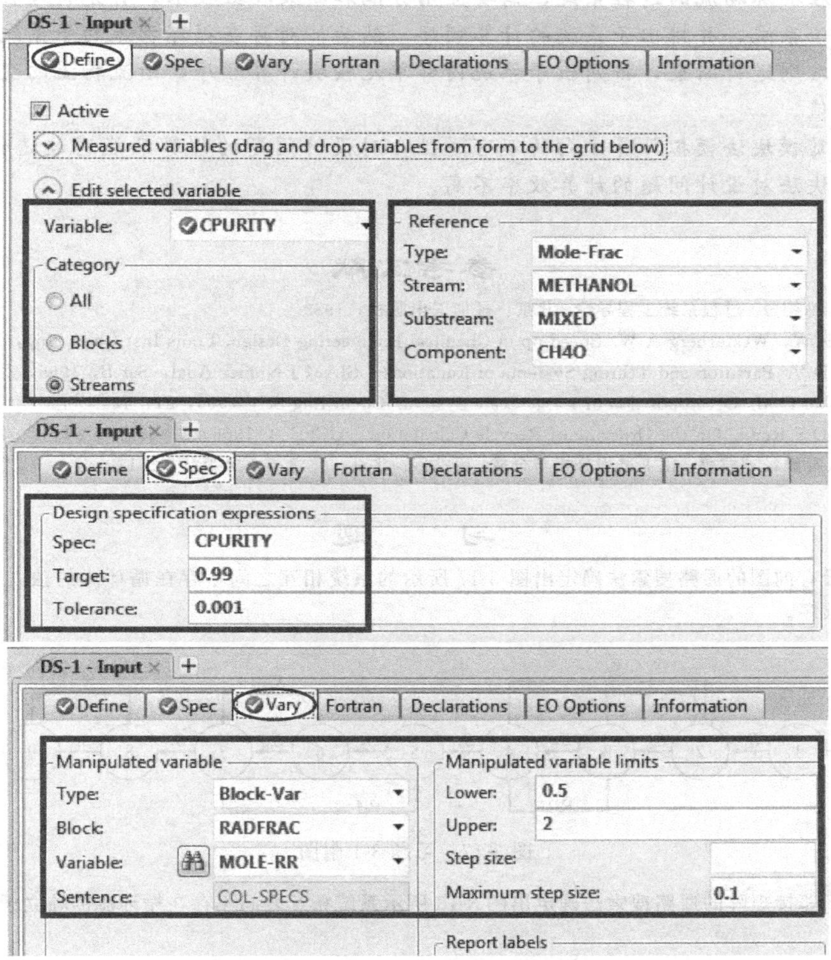

图 3-15　设置参数

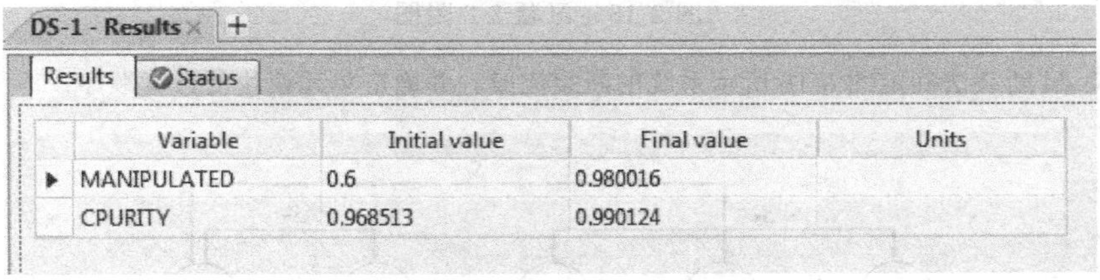

图 3-16　设计规定计算结果

本章小结

对于无循环物流的过程系统，序贯模块法的模拟计算顺序与过程单元的排列顺序是一致的。对于存在循环物流的过程系统，需要应用分隔和断裂收敛技术，首先将过程系统分隔成相互独立的子系统，并排出子系统的计算顺序，然后，对存在循环物流的子系统按一定的最优断裂物流准则进行断裂，排列出子系统内部单元模块计算顺序，断流物流的变量通过收敛计算得到数值。

由于序贯模块法模拟计算方向的不可逆性，对设计问题的计算只能通过迭代计算完成，所以序贯模块法对设计问题的计算效率不高。

参考文献

［1］ 杨翼宏，麻德贤. 过程系统工程导论. 北京：烃加工出版社，1989.
［2］ Sargent R W, Westerberg A W. Speed-up in Chemical Engineering Design. Trans Inst Chem Eng, 1964：21.
［3］ Steward D V. Partition and Tearing Systems of Equations. SIAM J Numer Aual, Ser B, 1965, 2 (2)：345.
［4］ Himmeblau D M. Decomposition of Large Scale System. Chem Eng Sci, 1966, 21：425.
［5］ Lee W, D F Rudd. On the Ordering of Recycle Calculation. AIChE J, 1966, 12 (6)：1184.
［6］ 张卫东，孙巍，刘君腾. 化工过程分析与合成. 第2版. 北京：化学工业出版社，2011.

习　　题

3-1　应用基于有向图的通路搜索法确定出图 3-17 所示的系统相互之间不存在循环流的独立子系统，并列出计算顺序。

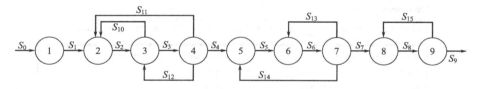

图 3-17　习题 3-1 附图

3-2　应用基于邻接矩阵的通路搜索法确定出图 3-18 所示系统相互之间不存在循环流的独立子系统。

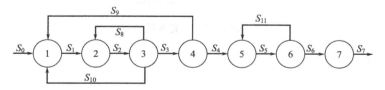

图 3-18　习题 3-2 附图

3-3　用 Lee-Rudd 断裂法确定图 3-19 所示系统的断裂流股，并确定单元模块的计算顺序。

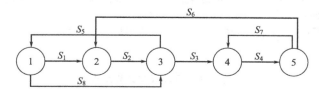

图 3-19　习题 3-3 附图

3-4　用 Lee-Rudd 断裂法确定图 3-20 所示系统的断裂流股。

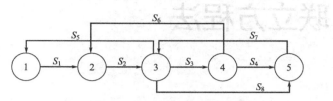

图 3-20　习题 3-4 附图

3-5　应用直接迭代法，写出题 3-4 的系统的计算步骤，并画出计算框图。

3-6　图 3-21 为含有 4 个简单回路的一个不可分隔子系统，图中给出了每个流股的权重因子，用数学规划法确定最优断裂组。已知 4 个简单回路为：

$$A(S_2,S_4),\ B(S_1,S_2,S_5),\ C(S_1,S_2,S_3,S_6),\ D(S_2,S_3,S_7)$$

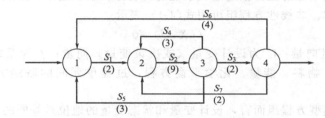

图 3-21　含有 4 个简单回路的不可分隔子系统

（括号内数值为流股的权重因子）

3-7　求满足流动方程 $8820D^5-2.31D-0.6465=0$ 的管径 D，用直接迭代法求解，要求精度为 0.001。

3-8　用 Wegstein 法求解范德华方程，以确定在 $t=-100℃$ 和 $p=50atm(1atm=101325Pa)$ 下氮气的体积。范德华方程为

$$\left(p+\frac{a}{V^2}\right)(V-b)=RT$$

式中，$a=1.351atm\cdot m^3/mol$；$b=38.64\times10^{-6}\ m^3/mol$；$R=82.06\times10^{-6}\ m^3\cdot atm/(mol\cdot K)$。取初值 $V_0=0.01m^3/mol$，收敛精度为相对误差 0.001。

4 | 联立方程法

4.1 联立方程法的基本思想

联立方程法的基本思想是将描述过程系统的所有方程组织起来，形成一个大型非线性方程组，进行联立求解。非线性方程组可用式(4-1) 表示

$$f(X,U)=0 \tag{4-1}$$

式中，X 为状态变量向量；U 为设计变量（或决策变量）向量；f 为系统模型方程组，其中包括：物性方程，物料、能量、化学平衡方程，过程单元间的联结方程，设计规定方程等。

对于过程系统模型方程组而言，设计变量和状态变量的地位是等同的。设计变量可以在求解前根据问题的求解目的不同人为指定。从这一角度看，可以认为联立方程法在求解一般模拟问题和设计问题上是没有差别的。

过程系统方程组的特点是稀疏性，所谓稀疏性是指方程组中，每个方程含有少数几个非零元素，即一个方程中只出现少数几个变量。基于过程系统方程组的稀疏性特点，人们提出了许多求解方法，归纳起来大致可分两类。

① 降维求解法　根据过程系统的方程组存在稀疏性的特点，可将方程组分解成若干较小的非线性方程组，进行降维求解。

② 线性化法　是将过程系统的非线性方程组拟线性化，进行迭代计算，用线性方程组的解逐渐逼近非线性方程组的解。

4.2 方程组的分解[1,2]

方程组的分解和流程系统的分解在方法上是类似的。所不同的是，前者以方程式为基本要素，而后者以单元模块为基本要素。从数学角度看，前者是基于关联矩阵的分解，而后者是基于节点邻接矩阵的分解。方程组的分解主要有两种方式：一是分解出不依计算顺序能够独立求解的子方程组，二是分解出依一定的顺序求解的子方程组。

4.2.1 不相关子方程组的识别

方程组内由一部分方程组所组成的局部，可称为"子方程组"。如果每个子方程组都只含有特定的某些变量，这些变量不出现在其他子方程组中，则这样的子方程组就称作"不相关子方程组"。但是，如果由于某种原因，它们被混杂地写到一起，形式上表现为一个大的方程组，如要把它们识别出来，往往并不容易。因此，需要一定的方法。利用 Ledet 和 Himmelblau（1970）方法可识别出不相关子方程组[3]，其步骤如下：

① 给出方程组的关联矩阵，并在矩阵的下面扩充一行记录每列元素的代数和；

② 在关联矩阵中找出非零元素最多的列（若有多列含同样数目的非零元素，可任取其中一列）；

③ 对关联矩阵进行变换，将该列非零元素所在行进行布尔加法合并为一行，放在关联矩阵的最后一行，重新计算变换后的矩阵每列元素的代数和；

④ 重复②、③两步，直到关联矩阵每列只含一个非零元素为止。此时说明各行间没有共同的变量，每行对应一个不相关的子系统。

【例 4-1】 应用 Himmelblau 方法识别下列方程组中的不相关子方程组。

$$\begin{cases} f_1(x_1,x_3,x_4)=0 \\ f_2(x_2,x_5,x_6)=0 \\ f_3(x_1,x_3,x_4)=0 \\ f_4(x_3,x_4)=0 \\ f_5(x_2,x_5,x_6)=0 \\ f_6(x_2,x_6)=0 \end{cases} \tag{4-2}$$

解 关联矩阵为

$$\begin{array}{c} \\ f_1 \\ f_2 \\ f_3 \\ f_4 \\ f_5 \\ f_6 \end{array} \begin{array}{cccccc} x_1 & x_2 & x_3 & x_4 & x_5 & x_6 \\ \begin{bmatrix} 1 & 0 & 1 & 1 & 0 & 0 \\ 0 & 1 & 0 & 0 & 1 & 1 \\ 1 & 0 & 1 & 1 & 0 & 0 \\ 0 & 0 & 1 & 1 & 0 & 0 \\ 0 & 1 & 0 & 0 & 1 & 1 \\ 0 & 1 & 0 & 0 & 0 & 1 \end{bmatrix} \end{array}$$

从 x_2 出发，得到

$$\begin{array}{c} f_1 \\ f_3 \\ f_4 \\ f_2 \cup f_5 \cup f_6 \end{array} \begin{bmatrix} 1 & 0 & 1 & 1 & 0 & 0 \\ 1 & 0 & 1 & 1 & 0 & 0 \\ 0 & 0 & 1 & 1 & 0 & 0 \\ 0 & 1 & 0 & 0 & 1 & 1 \end{bmatrix}$$

从 x_3 出发，得到

$$\begin{array}{c} f_2 \cup f_5 \cup f_6 \\ f_1 \cup f_3 \cup f_4 \end{array} \begin{bmatrix} 0 & 1 & 0 & 0 & 1 & 1 \\ 1 & 0 & 1 & 1 & 0 & 0 \end{bmatrix}$$

符合步骤④，得到不相关子方程组 $\{f_1, f_3, f_4\}$ 和 $\{f_2, f_5, f_6\}$。

Himmelblau 方法很容易编程，用计算机求解出不相关子系统。

4.2.2 方程组分块

通常情况下，方程组可以分成若干个子方程组，尽管它们不是完全互不相关，但对它们可以依次地进行联立求解，从而把整个方程组的求解转化为一系列较小方程组的求解。把这样的子方程组从原方程组中识别出来，就称为方程组的分块。

现以如下方程组来举例说明。

$$\begin{cases} f_1(x_1,x_4)=0 \\ f_2(x_2,x_3,x_4,x_5)=0 \\ f_3(x_1,x_2,x_4)=0 \\ f_4(x_1,x_4)=0 \\ f_5(x_1,x_3,x_5)=0 \end{cases} \tag{4-3}$$

$$
\begin{array}{c}
\begin{array}{ccccc} x_1 & x_2 & x_3 & x_4 & x_5 \end{array} \\
\begin{array}{c} f_1 \\ f_2 \\ f_3 \\ f_4 \\ f_5 \end{array}
\left[\begin{array}{ccccc}
1 & 0 & 0 & 1 & 0 \\
0 & 1 & 1 & 1 & 1 \\
1 & 1 & 0 & 1 & 0 \\
1 & 0 & 0 & 1 & 0 \\
1 & 0 & 1 & 0 & 1
\end{array}\right]
\end{array}
\qquad
\begin{array}{c}
\begin{array}{ccccc} x_1 & x_4 & x_2 & x_3 & x_5 \end{array} \\
\begin{array}{c} f_1 \\ f_4 \\ f_3 \\ f_5 \\ f_2 \end{array}
\left[\begin{array}{ccccc}
1 & 1 & 0 & 0 & 0 \\
1 & 1 & 0 & 0 & 0 \\
1 & 1 & [1] & 0 & 0 \\
1 & 0 & 0 & 1 & 1 \\
0 & 1 & 1 & 1 & 1
\end{array}\right]
\end{array}
$$

（a）　　　　　　　　　（b）

图 4-1　方程组的分块

如果写出它的关联矩阵，将如图 4-1（a）所示。如果把矩阵中的行的顺序和列的顺序调换，就可写成图 4-1（b）的分块矩阵。其中在主对角线方向上的各个分块以上的三角部分中，元素均为零。从中看出，此方程组可以分成 3 个子方程组：$\{f_1,f_4\}$，$\{f_3\}$ 和 $\{f_2,f_5\}$，这 3 个子方程组可以顺序求解。首先联立求解子方程组 $\{f_1,f_4\}$，解出变量 x_1 和 x_4，接着解子方程组 $\{f_3\}$，得到 x_2，最后由子方程组 $\{f_2,f_5\}$ 解出 x_3 和 x_5。

上述把原方程组的关联矩阵转化为下三角矩阵形式的方法，对小规模的问题是可行的，但对于大规模的问题就比较困难。实际上，可以引用流程分解的方法来实现方程组的分块。需要说明的是，方程组能够进行分解的前提条件是，它必须是一个稀疏矩阵。显然，若方程组中各个方程都含有所有变量，则其关联矩阵就无法分块为下三角矩阵的形式。

（1）输出变量集

流程的分解有通路搜索法和矩阵法两种方法，前者基于有向图和邻接矩阵，后者基于可及矩阵。如果能将方程组的基本结构用有向图、邻接矩阵的形式表达出来，就可以引用流程分块的方法来实现方程组的分块。为了实现这一目的，需要先为方程组中的每个方程选定一个不同的变量，作为该方程的"输出变量"。一个方程的输出变量是指方程中所含其他变量均为已知时，可由该方程解出其数值的一个变量。这样，n 个方程的各个不相同的 n 个变量，就构成了一个"输出变量集"。显然，一个方程组的输出变量集是多解的，即可以有多种不同的选取方案。仍以式（4-3）所示的方程组为例，写成关联矩阵，如图 4-2（a）所示。将矩阵中的行的顺序和列的顺序进行调整，可使矩阵中主对角线的元素均为非零，如图 4-2（b）所示。此时，主对角线上对应的变量即为相应方程的输出变量［用（）表示］。这样，寻找一个输出变量集的问题，就转化为将变量分配到主对角线上的一个分配问题，这是一个组合优化问题，不难通过编程用计算机求解。

$$
\begin{array}{c}
\begin{array}{ccccc} x_1 & x_2 & x_3 & x_4 & x_5 \end{array} \\
\begin{array}{c} f_1 \\ f_2 \\ f_3 \\ f_4 \\ f_5 \end{array}
\left[\begin{array}{ccccc}
1 & 0 & 0 & 1 & 0 \\
0 & 1 & 1 & 1 & 1 \\
1 & 1 & 0 & 1 & 0 \\
1 & 0 & 0 & 1 & 0 \\
1 & 0 & 1 & 0 & 1
\end{array}\right]
\end{array}
\qquad
\begin{array}{c}
\begin{array}{ccccc} x_1 & x_5 & x_2 & x_4 & x_3 \end{array} \\
\begin{array}{c} f_1 \\ f_2 \\ f_3 \\ f_4 \\ f_5 \end{array}
\left[\begin{array}{ccccc}
(1) & 0 & 0 & 1 & 0 \\
0 & (1) & 1 & 1 & 1 \\
1 & 0 & (1) & 1 & 0 \\
1 & 0 & 0 & (1) & 0 \\
1 & 1 & 0 & 0 & (1)
\end{array}\right]
\end{array}
$$

（a）　　　　　　　　　（b）

图 4-2　输出变量集

（2）有向图的构成和节点串的搜索法

根据方程组的输出变量集，很容易写出表达方程组基本结构的有向图。在有向图中，每个节点代表一个方程。如果方程 f_i 的输出变量存在于方程 f_j 中，则从节点 f_i 向 f_j 作一有向边。图 4-3 为式（4-3）的有向图表示，这个图表达了方程间的信息流动方向。

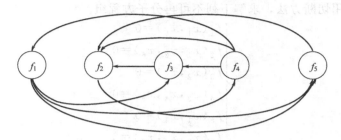

图 4-3　式（4-3）的有向图

根据此有向图，就可以完全按照流程分块的单元串搜索法来对方程组进行分块。对于图 4-3 中的例子，只要采用前面流程分块的单元串搜索步骤，就可以容易地得出以下分块结果：

$$\{f_1, f_4\} \rightarrow \{f_3\} \rightarrow \{f_2, f_5\}$$

子方程组的求解顺序按从后到前进行。

（3）邻接矩阵的构成和通路搜索法及可及矩阵法

输出变量集在关联矩阵中表示出以后，不需要绘出有向图，就可以直接从关联矩阵写出相应的邻接矩阵来。仍以式（4-3）所示的方程组为例，并仍取其在图 4-2（b）中所示的输出变量集。

$$
\begin{array}{c}
\begin{array}{ccccc} x_1 & x_5 & x_2 & x_4 & x_3 \end{array} \\
\begin{array}{c} f_1 \\ f_2 \\ f_3 \\ f_4 \\ f_5 \end{array}
\begin{bmatrix}
(1) & 0 & 0 & 1 & 0 \\
0 & (1) & 1 & 1 & 1 \\
1 & 0 & (1) & 1 & 0 \\
1 & 0 & 0 & (1) & 0 \\
1 & 1 & 0 & 0 & (1)
\end{bmatrix}
\end{array}
\qquad
\begin{array}{c}
\begin{array}{ccccc} f_1 & f_2 & f_3 & f_4 & f_5 \end{array} \\
\begin{array}{c} f_1 \\ f_2 \\ f_3 \\ f_4 \\ f_5 \end{array}
\begin{bmatrix}
0 & 0 & 1 & 1 & 1 \\
0 & 0 & 0 & 0 & 1 \\
0 & 1 & 0 & 0 & 0 \\
1 & 1 & 1 & 0 & 0 \\
0 & 1 & 0 & 0 & 0
\end{bmatrix}
\end{array}
$$

（a）　　　　　　　　　　　　（b）

图 4-4　方程组的邻接矩阵构成

根据图 4-4(a) 中方程输出变量的信息传递方向，很容易写出相应的邻接矩阵，如图 4-4（b）所示。实际上，更简捷的方法是，只需将图 4-4(a) 中的关联矩阵主对角线的非零元素全部删除，然后，将矩阵上方的列号改为与行号相同的对应方程编号，再将矩阵转置就可以得到图 4-4（b）所示的邻接矩阵。

在邻接矩阵的基础上，就可以完全按照前面流程分块的通路搜索法以及可及矩阵法来对方程组进行分块，并得到正确的结果。

4.2.3　不可再分子方程组的切断

一个较大规模的方程组经过分块，被分成若干个较小规模的方程组，这样的方程组不可再分，必须联立求解。如果不可再分子方程组的维数仍然很大，则可应用切断不可再分子方程组中某些变量的方法使方程组进一步降维。下面介绍 Ledet（1968）提出的一种切断不可再分子方程组的方法[3]。基本思想简述如下：

通过同时调换方程组的关联矩阵中行的顺序和列的顺序，使出现在矩阵主对角线上的元素全部成为非零元素（实际上找到一个输出变量集），在能够实现这一情况的各种方案中，选取矩阵的上三角部分中含有非零元素的列数目为最少的一种。这时，即取矩阵上三角部分中含有非零元素的列所在的变量为切断变量。显然，按照这一思路，将能找出数目最少的切断变量来。

【例 4-2】 应用切断方法，求解下列不可再分子方程组。

$$\begin{cases} f_1(x_1,x_6)=0 \\ f_2(x_1,x_2,x_6)=0 \\ f_3(x_2,x_3)=0 \\ f_4(x_3,x_4,x_5)=0 \\ f_5(x_1,x_4)=0 \\ f_6(x_3,x_5,x_6)=0 \end{cases} \tag{4-4}$$

解 表达上面方程组的关联矩阵如图 4-5(a) 所示。调换矩阵中行的顺序和列的顺序，使主对角线上的元素都成为非零元素，且其上三角部分中只有一列（与变量 x_6 对应的一列）含有非零元素，如图 4-5(b) 所示。

$$\begin{array}{c|cccccc} & x_1 & x_2 & x_3 & x_4 & x_5 & x_6 \\ \hline f_1 & 1 & 0 & 0 & 0 & 0 & 1 \\ f_2 & 1 & 1 & 0 & 0 & 0 & 1 \\ f_3 & 0 & 1 & 1 & 0 & 0 & 0 \\ f_4 & 0 & 0 & 1 & 1 & 1 & 0 \\ f_5 & 1 & 0 & 0 & 1 & 0 & 0 \\ f_6 & 0 & 0 & 1 & 0 & 1 & 1 \end{array}$$

(a)

$$\begin{array}{c|cccccc} & x_1 & x_2 & x_3 & x_4 & x_5 & x_6 \\ \hline f_1 & 1 & 0 & 0 & 0 & 0 & 1 \\ f_2 & 1 & 1 & 0 & 0 & 0 & 1 \\ f_3 & 0 & 1 & 1 & 0 & 0 & 0 \\ f_5 & 1 & 0 & 0 & 1 & 0 & 0 \\ f_4 & 0 & 0 & 1 & 1 & 1 & 0 \\ f_6 & 0 & 0 & 1 & 0 & 1 & 1 \end{array}$$

(b)

图 4-5 方程组的切断

据此，即可选 x_6 为切断变量，在对 x_6 设定初值后，即可按照 $f_1 \to f_2 \to f_3 \to f_5 \to f_4 \to f_6$ 的顺序，依次对 6 个方程进行求解，而对切断变量 x_6 进行迭代收敛，最终实现整个方程组的求解。

迭代计算步骤如下：

① 设定初值 x_6^0；

② 依次求解 $f_1 \to f_2 \to f_3 \to f_5 \to f_4 \to f_6$，得到 x_6^1；

③ 若 $|x_6^1 - x_6^0| \leqslant \varepsilon$，结束计算，输出结果；否则 $x_6^0 \Leftarrow x_6^1$（采用直接迭代法），转②。

4.3 线性方程组的求解[4]

线性方程组的求解是非线性方程组求解的基础，因为后者可转化为一系列前者的求解。线性方程组的求解常用高斯消去法或 **LU** 分解法。下面分别介绍。

4.3.1 高斯消去法

考虑 n 元线性方程组

$$\begin{cases} a_{11}x_1 + a_{12}x_2 + \cdots + a_{1n}x_n = b_1 \\ a_{21}x_1 + a_{22}x_2 + \cdots + a_{2n}x_n = b_2 \\ \quad\vdots \qquad\qquad\qquad\qquad \vdots \\ a_{n1}x_1 + a_{n2}x_2 + \cdots + a_{nn}x_n = b_n \end{cases} \tag{4-5}$$

或者用矩阵表示

$$AX = b \tag{4-6}$$

其中 A 为系数矩阵，$A = (a_{ij})_{n \times n}$；$b$ 是右端向量，$b = (b_1, b_2, \cdots, b_n)^T$；$X$ 是未知向量，$X = (x_1, x_2, \cdots, x_n)^T$。

　　高斯消去法是直接法中最常用、最有效的方法之一。其基本思想就是逐次消去一个未知数，使原方程组(4-5)变换为一个等阶的（即具有原方程组相同解的）三角形方程组。然后通过回代得解向量 X。下面以四元方程组为例说明其求解过程。将原方程组写作增广矩阵形式

$$\begin{bmatrix} a_{11} & a_{12} & a_{13} & a_{14} & b_1 \\ a_{21} & a_{22} & a_{23} & a_{24} & b_2 \\ a_{31} & a_{32} & a_{33} & a_{34} & b_3 \\ a_{41} & a_{42} & a_{43} & a_{44} & b_4 \end{bmatrix} \tag{4-7}$$

若 $a_{11} \neq 0$（如果 $a_{11} = 0$，可以通过方程次序互换使 $a_{11} \neq 0$），将第一行各元素乘以 $-a_{i1}/a_{11}$ 后加到第 i 行（$i = 2, 3, 4$），则有

$$\begin{bmatrix} a_{11} & a_{12} & a_{13} & a_{14} & b_1 \\ 0 & a_{22}^{(1)} & a_{23}^{(1)} & a_{24}^{(1)} & b_2^{(1)} \\ 0 & a_{32}^{(1)} & a_{33}^{(1)} & a_{34}^{(1)} & b_3^{(1)} \\ 0 & a_{42}^{(1)} & a_{43}^{(1)} & a_{44}^{(1)} & b_4^{(1)} \end{bmatrix} \tag{4-8}$$

又若 $a_{22}^{(1)} \neq 0$，将第二行各元素乘以 $-a_{i2}^{(1)}/a_{22}^{(1)}$ 后加到下面各行（$i = 3, 4$），得

$$\begin{bmatrix} a_{11} & a_{12} & a_{13} & a_{14} & b_1 \\ 0 & a_{22}^{(1)} & a_{23}^{(1)} & a_{24}^{(1)} & b_2^{(1)} \\ 0 & 0 & a_{33}^{(2)} & a_{34}^{(2)} & b_3^{(2)} \\ 0 & 0 & a_{43}^{(2)} & a_{44}^{(2)} & b_4^{(2)} \end{bmatrix} \tag{4-9}$$

再若 $a_{33}^{(2)} \neq 0$，将第三行各元素乘以 $-a_{i3}^{(2)}/a_{33}^{(2)}$ 后加到第四行，则得

$$\begin{bmatrix} a_{11} & a_{12} & a_{13} & a_{14} & b_1 \\ 0 & a_{22}^{(1)} & a_{23}^{(1)} & a_{24}^{(1)} & b_2^{(1)} \\ 0 & 0 & a_{33}^{(2)} & a_{34}^{(2)} & b_3^{(2)} \\ 0 & 0 & 0 & a_{44}^{(3)} & b_4^{(3)} \end{bmatrix} \tag{4-10}$$

至此消元过程完成，它是一个等价于式(4-6)的三角形方程组，即

$$UX = Y \tag{4-11}$$

这里 U 为上三角矩阵。式(4-11)与式(4-6)同解，但式(4-11)可用简便的回代法求解。式(4-11)的方程组可写作如下形式

$$\begin{cases} x_1 + u_{12}x_2 + \cdots + u_{1n}x_n = y_1 \\ \quad\quad x_2 + \cdots + u_{2n}x_n = y_2 \\ \quad\quad\quad \ddots \quad\quad \vdots \quad \vdots \\ \quad\quad\quad\quad\quad \ddots \quad \vdots \quad \vdots \\ \quad\quad\quad\quad\quad\quad\quad\quad x_n = y_n \end{cases} \tag{4-12}$$

所谓回代，即从最后一个方程式直接解出

$$x_4 = b_4^{(3)} / a_{44}^{(3)} \tag{4-13}$$

将它代入上一式，解出 x_3

$$x_3 = (b_3^{(2)} - a_{34}^{(2)} x_4) / a_{33}^{(2)} \tag{4-14}$$

逐次往前计算，便可求出全部 x_i。

对于一个 n 元方程组，高斯消去法计算步骤归纳如下：

① 正消元过程。依次按 $k = 1, 2, \cdots, n-1$ 计算下列系数

$$\begin{cases} l_{kj} = a_{kj}^{(k-1)} / a_{kk}^{(k-1)} & (j = k+1, \cdots, n) \\ n_k = b_k^{(k-1)} / a_{kk}^{(k-1)} \\ a_{ij}^{k} = a_{ij}^{(k-1)} - a_{ik}^{(k-1)} \times l_{kj} & (i = k+1, j = k+1, \cdots, n) \\ b_i^{(k)} = b_i^{(k-1)} - a_{ik}^{(k-1)} \times n_k & (i = k+1) \end{cases} \tag{4-15}$$

② 回代过程

$$\begin{cases} x_n = b_n^{(n-1)} / a_{nn}^{(n-1)} \\ x_i = \left(b_i^{(i-1)} - \sum_{i=j+1}^{n} a_{ij}^{(i-1)} \times x_j \right) / a_{ii}^{(i-1)} & (i = n-1, n-2, \cdots, 1) \end{cases} \tag{4-16}$$

在高斯消去法消去过程中可能出现 $a_{kk}^{k} = 0$ 的情况，这时高斯消去法将无法进行；即使主因素 $a_{kk}^{k} \neq 0$ 但很小，其作除法，也会导致其他元素数量级严重增加和误差的扩散。为了避免这种情况的发生，可通过交换方程的次序和变量在方程中的位置，选取绝对值大的元素作主元素。基于这种思想形式的方法称为主元素消去法。

【例 4-3】　用高斯消去法求解下列线性方程组

$$\begin{cases} 3x_1 + 2x_2 - x_3 = 4 \\ x_1 - x_2 + 2x_3 = 5 \\ -2x_1 + x_2 - x_3 = -3 \end{cases}$$

解　写出上述方程组的增广矩阵形式

$$\begin{bmatrix} 3 & 2 & -1 \\ 1 & -1 & 2 \\ -2 & 1 & -1 \end{bmatrix} \begin{bmatrix} x_1 \\ x_2 \\ x_3 \end{bmatrix} = \begin{bmatrix} 4 \\ 5 \\ -3 \end{bmatrix}$$

消元，得

$$\begin{bmatrix} 3 & 2 & -1 \\ 0 & -5 & 7 \\ 0 & 0 & 24 \end{bmatrix} \begin{bmatrix} x_1 \\ x_2 \\ x_3 \end{bmatrix} = \begin{bmatrix} 4 \\ 11 \\ 72 \end{bmatrix}$$

回代

$$\begin{cases} x_3 = 72/24 \\ x_2 = (11 - 7x_3)/(-5) \\ x_1 = (4 - 2x_2 + x_3)/3 \end{cases}$$

方程解：$x_1 = 1$，$x_2 = 2$，$x_3 = 3$

4.3.2　LU 分解法

LU 分解法是高斯法的一种改进，其基本原理是将式（4-6）中的矩阵 **A** 分解成一个下三角矩阵 **L** 和一个上三角矩阵 **U** 的乘积，即

$$A = LU$$

采用克劳特（Crout）分解，则 L 和 U 矩阵分别为

$$U = \begin{bmatrix} 1 & u_{12} & \cdots & \cdots & u_{1n} \\ & 1 & u_{23} & \cdots & u_{2n} \\ & & \ddots & & \vdots \\ & & & \ddots & \vdots \\ & & & & 1 \end{bmatrix} \tag{4-17}$$

$$L = \begin{bmatrix} l_{11} & & & & \\ l_{21} & l_{22} & & & \\ \vdots & \vdots & \ddots & & \\ \vdots & \vdots & & \ddots & \\ l_{n1} & l_{n2} & \cdots & \cdots & l_{nn} \end{bmatrix} \tag{4-18}$$

分解公式为

$$l_{ij} = a_{ij} - \sum_{k=1}^{i-1} l_{ik} u_{kj} \qquad (j=1,2,\cdots i; i=1,2,\cdots,n) \tag{4-19}$$

$$u_{ij} = \left(a_{ij} - \sum_{k=1}^{i-1} l_{ik} u_{kj} \right) / l_{ii} \qquad (j=i+1,\cdots,n; i=1,\cdots,n) \tag{4-20}$$

根据矩阵 A 的三角分解，方程组

$$AX = \overline{b}$$

可改写为

$$LUX = \overline{b} \tag{4-21}$$

式（4-21）求解很方便，求解可分两步完成。

第一步：令 $UX = Y$，则式（4-21）变为

$$LY = \overline{b} \tag{4-22}$$

首先求解式（4-22）中的未知向量 Y。由于 L 是下三角阵，故式（4-22）的具体形式为

$$\begin{cases} l_{11} y_1 = b_1 \\ l_{21} y_1 + l_{22} y_2 = b_2 \\ \vdots \\ l_{n1} y_1 + l_{n2} y_2 + \cdots + l_{nn} y_n = b_n \end{cases}$$

显然自上而下逐步代入，即可求得 Y

$$y_i = \left(b_i - \sum_{k=1}^{i-1} l_{ik} y_k \right) / l_{ii} \qquad (i=1,\cdots,n) \tag{4-23}$$

第二步：求解三角方程组

$$UX = Y \tag{4-24}$$

即

$$\begin{cases} x_1 + u_{12} x_2 + \cdots + u_{1n} x_n = y_1 \\ x_2 + \cdots + u_{2n} x_n = y_2 \\ \ddots \quad \vdots \quad \vdots \\ \ddots \quad \vdots \quad \vdots \\ x_n = y_n \end{cases}$$

这里需自下而上进行回代，便可得到 X

$$x_i = y_i - \sum_{k=i+1}^{n} u_{ik} x_k \qquad (i=n, n-1, \cdots, 1) \tag{4-25}$$

【例 4-4】 乙炔的摩尔热容与温度的经验关联式为 $c_p = a + bT + cT^2$，用最小二乘法拟合实测数据得到如下正规方程组

$$\begin{cases} 105.21 = 8a + 28b + 140c \\ 402.29 = 28a + 140b + 784c \\ 2070.29 = 140a + 784b + 4976c \end{cases}$$

试用 **LU** 分解法求解方程组，确定参数 a、b、c。

解　首先将方程组的系数矩阵 **A** 根据式(4-19) 和式(4-20) 作 **LU** 分解

$$A = \begin{bmatrix} 8 & 28 & 140 \\ 28 & 140 & 784 \\ 140 & 784 & 4676 \end{bmatrix}, \quad L = \begin{bmatrix} 8 & 0 & 0 \\ 28 & 42 & 0 \\ 140 & 294 & 168 \end{bmatrix}, \quad U = \begin{bmatrix} 1 & 3.5 & 17.5 \\ 0 & 1 & 7 \\ 0 & 0 & 1 \end{bmatrix}$$

然后分两步求解，令 **UX = Y**

第一步：求解 $LY = \bar{b}$

$$\begin{aligned} 8y_1 &= 105.21 \\ 28y_1 + 42y_2 &= 402.29 \\ 140y_1 + 294y_2 + 168y_3 &= 2070.29 \end{aligned}$$

顺序代入得 $y_1 = 13.15$，$y_2 = 0.8108$，$y_3 = -0.05512$

第二步：求解 **UX = Y**

$$\begin{aligned} a + 3.5b + 17.5c &= 13.15 \\ b + 7c &= 0.8108 \\ c &= -0.05512 \end{aligned}$$

回代求得 $c = -0.05512$，$b = 1.1966$，$a = 9.926$

4.4　非线性方程组的求解[4]

大型非线性方程组的求解除了 4.2 节的降维求解法之外，还可以用拟线性化方法逐渐逼近非线性方程组的解。

对于 n 维非线性方程组

$$F(X) = 0 \tag{4-26}$$

在 $X^{(k)}$ 点将 $F(X)$ 作泰勒展开，取一阶项

$$F(X^{(k)}) + J(X^{(k)})(X^{(k+1)} - X^{(k)}) = 0 \tag{4-27}$$

得牛顿-拉夫森迭代公式

$$X^{(k+1)} = X^{(k)} - J(X^{(k)})^{-1} F(X^{(k)}) \tag{4-28}$$

式中，J 为雅可比矩阵

$$J(X^{(k)}) = \begin{bmatrix} \dfrac{\partial f_1}{\partial x_1} & \cdots & \dfrac{\partial f_1}{\partial x_n} \\ \vdots & & \vdots \\ \dfrac{\partial f_n}{\partial x_1} & \cdots & \dfrac{\partial f_n}{\partial x_n} \end{bmatrix}_{X^{(k)}} \tag{4-29}$$

写成线性方程组形式

$$J(\boldsymbol{X}^{(k)})\boldsymbol{X}^{(k+1)}=J(\boldsymbol{X}^{(k)})\boldsymbol{X}^{(k)}-\boldsymbol{F}(\boldsymbol{X}^{(k)}) \tag{4-30}$$

或

$$J(\boldsymbol{X}^{(k)})\Delta\boldsymbol{X}^{(k)}=-\boldsymbol{F}(\boldsymbol{X}^{(k)}) \tag{4-31}$$

解得解向量 $\Delta\boldsymbol{X}^{(k)}$ 后，可由下式计算出迭代变量

$$x_i^{(k+1)}=x_i^{(k)}+\Delta x_i^{(k)} \qquad (i=1,2,\cdots,n) \tag{4-32}$$

对于具体问题，如果迭代初值不合适或迭代解超出了变量范围约束，此时可以采用阻尼因子 β。

$$x_i^{(k+1)}=x_i^{(k)}+\beta\Delta x_i^{(k)} \qquad (i=1,2,\cdots,n) \tag{4-33}$$

一般 $\beta<1$。

计算步骤如下：

① 给定初值 $\boldsymbol{X}^{(0)}$，收敛精度 ε 和 η，$k=0$；

② 计算 $\boldsymbol{F}(\boldsymbol{X}^{(k)})$，如果 $\|\boldsymbol{F}(\boldsymbol{X}^{(k)})\|\leqslant\eta$，则取 $\boldsymbol{X}^*=\boldsymbol{X}^{(k)}$，计算结束；

③ 求 $J(\boldsymbol{X}^{(k)})$；

④ 解线性方程组 $J(\boldsymbol{X}^{(k)})\Delta\boldsymbol{X}^{(k)}=-\boldsymbol{F}(\boldsymbol{X}^{(k)})$；

⑤ 计算 $\boldsymbol{X}^{(k+1)}=\boldsymbol{X}^{(k)}+\beta\Delta\boldsymbol{X}^{(k)}$；

⑥ 如果 $\|\boldsymbol{X}^{(k+1)}-\boldsymbol{X}^{(k)}\|\leqslant\varepsilon$，则取 $\boldsymbol{X}^*=\boldsymbol{X}^{(k+1)}$，计算结束；否则，令 $k=k+1$，转②重新计算。

对于方程组中只含部分非线性方程的情况，线性化的对象应该是非线性方程。设式(4-26)中的第 j 个方程组为非线性方程

$$f_j(x)=0$$

则上式的线性化形式为

$$\sum_{i=1}^{n}\left[\left(\frac{\partial f_j}{\partial x_i}\right)^{(k)}x_i^{(k+1)}\right]=\sum_{i=1}^{n}\left[\left(\frac{\partial f_j}{\partial x_i}\right)^{(k)}x_i^{(k)}\right]-f_j^{(k)} \tag{4-34}$$

此情况下的计算步骤如下：

① 给定一组初值 $\boldsymbol{X}^{(0)}$，收敛精度 ε，$k=0$；

② 在 $\boldsymbol{X}^{(k)}$ 将非线性方程线性化；

③ 将线性化的方程与线性方程放在一起形成线性方程组；

④ 解线性方程组得到解 $\boldsymbol{X}^{(k+1)}$；

⑤ 若 $\|\boldsymbol{X}^{(k+1)}-\boldsymbol{X}^{(k)}\|\leqslant\varepsilon$，则取 $\boldsymbol{X}^*=\boldsymbol{X}^{(k+1)}$，计算结束；否则，令 $k=k+1$，转②重新计算。

收敛判据可采用下面两种形式之一：

$$\|\Delta x\|=\sqrt{\Delta x_1^2+\Delta x_2^2+\cdots+\Delta x_n^2}\leqslant\varepsilon$$
$$\|\Delta x\|=\max\{|\Delta x_i|\}\leqslant\varepsilon$$

这里，$\Delta x_i=\dfrac{x_i^{k+1}-x_i^{k}}{x_i^{k}}$。

牛顿法

【例 4-5】　对串联的油换热器组进行优化设计时，得到如下方程组：

$$\begin{cases}T_2=400-0.0075(300-T_1)^2 \\ T_1=400-0.02(400-T_2)^2\end{cases}$$

试用牛顿-拉夫森法用手工计算和 Matlab 函数工具分别求油换热器进出口温度 T_1 和

T_2。设初值 $T_1^{(0)}=180℃$，$T_2^{(0)}=292℃$，要求精度 $|T_i^{(k+1)}-T_i^{(k)}|\leqslant 1E-4$。

解　（1）手工计算

$$f_1=T_2-400+0.0075(300-T_1)^2$$
$$f_2=T_1-400+0.02(400-T_2)^2$$

① 计算 $\boldsymbol{F}(T^{(0)})$

$$f_1(T_1^{(0)},T_2^{(0)})=292-400+0.0075(300-180)^2=0$$
$$f_2(T_1^{(0)},T_2^{(0)})=180-400+0.02(400-292)^2=13.28$$

② 计算 $\boldsymbol{J}(T^{(0)})$

$$\boldsymbol{J}(T^{(0)})=\begin{bmatrix}\dfrac{\partial f_1}{\partial T_1} & \dfrac{\partial f_1}{\partial T_2}\\[2mm]\dfrac{\partial f_2}{\partial T_1} & \dfrac{\partial f_2}{\partial T_2}\end{bmatrix}=\begin{bmatrix}-0.015(300-T_1^{(0)}) & 1\\ 1 & -0.04(400-T_2^{(0)})\end{bmatrix}=\begin{bmatrix}-1.8 & 1\\ 1 & -4.32\end{bmatrix}$$

③ 解方程组

$$\begin{bmatrix}-1.8 & 1\\ 1 & -4.32\end{bmatrix}\begin{bmatrix}\Delta T_1^{(0)}\\ \Delta T_2^{(0)}\end{bmatrix}=-\begin{bmatrix}0\\ 13.28\end{bmatrix}$$

解得

$$\Delta T_1^{(0)}=1.96,\quad \Delta T_2^{(0)}=3.53$$

④ 取 $\beta=1$

$$T_1^{(1)}=T_1^{(0)}+\Delta T_1^{(0)}=181.96$$
$$T_2^{(1)}=T_2^{(0)}+\Delta T_2^{(0)}=295.53$$

由于尚未达到精度要求，重复步骤②～④继续迭代。如此迭代 3 步即可达到精度要求，结果为

$$T_1^{(3)}=182.0176℃, T_2^{(3)}=295.6212℃$$

（2）Matlab 内置函数求解

fsolve 函数为 Matlab 中的内置求解非线性方程的函数，其一般调用格式为：
$x=\text{fsolve}(@\text{fun},x0)$，其中 x 表示求得的最优解；x_0 表示给定的初始值；fun 表示目标函数名。

本例中目标函数脚本如下：

```
function y＝objfun(x)
y(1)＝400－0.0075＊(300－x(1))^2－x(2);
y(2)＝400－0.02＊(400－x(2))^2－x(1);
end
```

然后在 Matlab 的 Command Windows 界面运行：

```
x0＝[180 292]
x＝fsolve(@objfun,x0)
```

可以得到结果 $T_1=182.0176$，$T_2=295.6011$。

本章小结

联立方程法有分解降维和线性化两种求解方法，方程组能够分解的条件是方程组存在稀疏性。方程组的分解与流程系统的分解在方法上是相同的。方程组的分解包括不相关子方程

组的识别和方程组的分块两种方式，不相关子方程组的求解是独立的。而分块的子方程组的求解必须按一定的顺序进行。应用切断方法可进一步将方程组分解成规模更小的方程组。线性化求解方法需要将非线性方程拟线性化，然后解线性方程组，进行迭代求解，用线性方程组的解逐渐逼近非线性方程组的解。

参考文献

［1］ 彭秉璞. 化工系统分析与模拟. 北京：化学工业出版社，1990.
［2］ 杨翼宏，麻德贤. 过程系统工程导论. 北京：烃加工出版社，1989.
［3］ Ledet W P，Himmelblau D M. Decomposition Procedures for the Solving Large Scale System. Advances in Chemical Engineering，1970.
［4］ 周爱月. 化工数学. 第 2 版. 北京：化学工业出版社，2001.

习　　题

4-1 利用 Ledet 和 Himmelblau 方法识别出下列方程组中的不相关子方程组。

$$\begin{cases} f_1(x_1,x_3,x_5)=0 \\ f_2(x_1,x_3)=0 \\ f_3(x_2,x_4)=0 \\ f_4(x_2,x_4,x_6)=0 \\ f_5(x_1,x_3,x_5)=0 \\ f_6(x_2,x_6)=0 \end{cases}$$

4-2 基于有向图的节点串搜索法，确定下列方程组中的分块子方程组，并确定计算顺序。

$$\begin{cases} f_1(x_2,x_3)=0 \\ f_2(x_2,x_3,x_4,x_5)=0 \\ f_3(x_1,x_3)=0 \\ f_4(x_2,x_4,x_5)=0 \\ f_5(x_2,x_3)=0 \end{cases}$$

4-3 基于邻接矩阵的通路搜索法，找到下列方程组中的子方程组，并确定计算顺序。

$$\begin{cases} f_1(x_2,x_3)=0 \\ f_2(x_1,x_3,x_4)=0 \\ f_3(x_2,x_3)=0 \\ f_4(x_2,x_5,x_6)=0 \\ f_5(x_1,x_4)=0 \\ f_6(x_1,x_2,x_5,x_6)=0 \end{cases}$$

4-4 用切断方法分解下列不可再分子方程组，确定切断变量，及子方程组的求解顺序，并写出迭代计算步骤。

$$\begin{cases} f_1(x_2,x_5)=0 \\ f_2(x_1,x_2,x_3,x_4)=0 \\ f_3(x_2,x_4,x_5)=0 \\ f_4(x_2,x_4,x_6)=0 \\ f_5(x_1,x_5,x_6)=0 \\ f_6(x_1,x_2,x_3,x_5,x_6)=0 \end{cases}$$

4-5　组分 A 的稀溶液在常温下离解：$A \rightleftharpoons 2B$，其数学模型如下：

质量平衡　　　　　$x_A + \dfrac{1}{2}x_B = x_A^*$

热力学平衡　　　　$kx_A - x_B^2 = 0$

式中，x_A 与 x_B 分别是组分 A 和 B 的浓度；x_A^* 是组分 A 的初始浓度；k 是反应平衡常数。用拟线性化方法求当 $k=2$、$x_A^*=1$ 时平衡态的组分浓度。

4-6　分别用高斯消去法和 LU 分解法解下列线性方程组

$$\begin{cases} x_1 - 2x_2 + 3x_3 - 2x_4 = 4 \\ 2x_1 + x_2 - x_3 + 3x_4 = 6 \\ x_1 + 3x_2 - \dfrac{1}{2}x_3 + x_4 = 5 \\ \dfrac{1}{2}x_1 + 2x_2 + x_3 - 2x_4 = 3 \end{cases}$$

4-7　为使一组串联换热器的总传热面积最小，得出一组联立方程

$$\begin{cases} 2684.752(205 - T_2) - 35.824(150 - T_1)^2 = 0 \\ 35.824(205 - T_1) - 1.282(205 - T_2)^2 = 0 \end{cases}$$

其中 T_1、T_2 分别为进入第二个换热器的冷却介质的进出口温度，试求使总传热面积为最小的 T_1、T_2，用牛顿-拉夫森方法迭代求解，要求精度为 0.001。

5 | 联立模块法

5.1 联立模块法的原理

序贯模块法和联立方程法各有所长，但都存在一些缺陷，从表 5-1 的比较不难看出，这两种方法的优缺点是互补的。联立模块法是集序贯模块法和联立方程法两者之所长而提出的一种求解方法。

表 5-1 两种系统模拟方法的比较

内　　容	序贯模块法	联立方程法	内　　容	序贯模块法	联立方程法
占用存储空间	小	大	对初值要求	低	高
迭代循环圈	多	少	计算错误诊断	易	难
计算效率	低	高	编制、修改程序	较易	较难
指定设计变量	不灵活	灵活			

联立模块法是将整个计算分成两个层次。第一个层次是单元模块层次，第二个层次是流程系统层次。基本思想如图 5-1 所示。首先，在模块水平层次上利用严格单元模块产生相应的简化模型方程，即用简化模型来逼近严格单元模块的输入与输出的关系。然后，在流程系统层次上，对所有单元的简化模型进行联立求解，得到系统的状态变量。如果在系统水平上未达到规定的精度要求，则必须返回到第一层次上，重新计算。经过多次迭代，直到收敛至原问题的解。

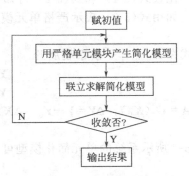

图 5-1　联立模块法原理图

联立模块法具有如下特点。

① 把序贯模块法中最费时、收敛最慢的回路迭代计算，用简化模型组成的方程组的联解替代，从而使计算加速，尤其是处理有多重再循环流或有设计规定要求的问题时，具有较好的收敛行为。因此，联立模块法计算效率较高。

② 由于单元模块数比过程方程数要少得多，所以简化模型方程组的维数比系统方程组的维数小得多，因而，求解起来也容易得多。

③ 能利用大量原有丰富的序贯模块软件。可在原有序贯模块模拟器上修改得到联立模块模拟器。

联立模块法的计算效率主要依赖于简化模型的形式。一般来说，简化模型应该是严格模块的近似，同时具有容易建立和求解方便的特点。

5.2　简化模型的建立方法

根据划分简化模型的对象范围不同，目前有两种建立简化模型的方法。

5.2.1　以过程单元为基本单元的简化模型建立方法

这种方法相当于把所有过程单元之间的连接物流全部切断，形成一系列相互独立的过程单元，如图 5-2 所示。

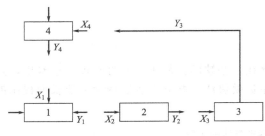

图 5-2　连接物流全切断方式

按此方式将连接流股全切断后，分别对每个单元建立简化模型，然后把单元简化模型、联结方程、设计规定方程集合到一起组成过程系统的简化模型。过程系统简化模型方程数为

$$n_e = 2\sum_{i=1}^{n_c}(c_i + 2) + n_d \tag{5-1}$$

式中，n_e 为系统简化模型方程数；n_c 为联结物流数；n_d 为设计规定方程数；c_i 为联结物流组分数。

对于较大的系统，流股全切断方式建立的简化模型方程数是很大的。因为连接流股既是上游单元的输出流股，同时也是下游单元的输入流股，如消去物流联结方程，则可使简化模型的维数大大减少。此时简化模型方程数为

$$n_e = \sum_{i=1}^{n_c}(c_i + 2) + n_d \tag{5-2}$$

比较式(5-1) 和式(5-2) 可知，简化模型方程数几乎减少一半。

如用式(5-3) 表示严格单元模块输入物流变量向量 $\boldsymbol{X}$ 与输出物流变量向量 $\boldsymbol{Y}$ 的关系

$$\boldsymbol{Y} = \boldsymbol{G}(\boldsymbol{X}) \tag{5-3}$$

上式在 $\boldsymbol{X}_0$ 点作一阶泰勒展开

$$\boldsymbol{Y} = \boldsymbol{Y}_0 + \boldsymbol{G}'(\boldsymbol{X}_0)(\boldsymbol{X} - \boldsymbol{X}_0) \tag{5-4}$$

即

$$\boldsymbol{Y} - \boldsymbol{Y}_0 = \boldsymbol{G}'(\boldsymbol{X}_0)(\boldsymbol{X} - \boldsymbol{X}_0) \tag{5-5}$$

令 $\boldsymbol{A} = \boldsymbol{G}'(\boldsymbol{X}_0)$，$\Delta \boldsymbol{Y} = \boldsymbol{Y} - \boldsymbol{Y}_0$，$\Delta \boldsymbol{X} = \boldsymbol{X} - \boldsymbol{X}_0$，即可得到严格模型的线性增量简化模型

$$\Delta \boldsymbol{Y} = \boldsymbol{A}\Delta \boldsymbol{X} \tag{5-6}$$

图 5-2 所示系统的单元简化模型可以表示为

$$\begin{cases} \Delta \boldsymbol{Y}_1 = \boldsymbol{A}_1 \Delta \boldsymbol{X}_1 \\ \Delta \boldsymbol{Y}_2 = \boldsymbol{A}_2 \Delta \boldsymbol{X}_2 \\ \Delta \boldsymbol{Y}_3 = \boldsymbol{A}_3 \Delta \boldsymbol{X}_3 \\ \Delta \boldsymbol{Y}_4 = \boldsymbol{A}_4 \Delta \boldsymbol{X}_4 \end{cases} \tag{5-7}$$

联结方程为

$$\begin{cases} \Delta \boldsymbol{Y}_1 = \Delta \boldsymbol{X}_2 \\ \Delta \boldsymbol{Y}_2 = \Delta \boldsymbol{X}_3 \\ \Delta \boldsymbol{Y}_3 = \Delta \boldsymbol{X}_4 \\ \Delta \boldsymbol{Y}_4 = \Delta \boldsymbol{X}_1 \end{cases} \tag{5-8}$$

将式(5-7) 和式(5-8) 写成矩阵形式

$$\begin{bmatrix} -\boldsymbol{A}_1 & & & & \boldsymbol{I} & & & \\ & -\boldsymbol{A}_2 & & & & \boldsymbol{I} & & \\ & & -\boldsymbol{A}_3 & & & & \boldsymbol{I} & \\ & & & -\boldsymbol{A}_4 & & & & \boldsymbol{I} \\ \boldsymbol{I} & & & & -\boldsymbol{I} & & & \\ & \boldsymbol{I} & & & & -\boldsymbol{I} & & \\ & & \boldsymbol{I} & & & & -\boldsymbol{I} & \\ & & & \boldsymbol{I} & & & & -\boldsymbol{I} \end{bmatrix} \begin{bmatrix} \Delta \boldsymbol{X}_1 \\ \Delta \boldsymbol{X}_2 \\ \Delta \boldsymbol{X}_3 \\ \Delta \boldsymbol{X}_4 \\ \Delta \boldsymbol{Y}_1 \\ \Delta \boldsymbol{Y}_2 \\ \Delta \boldsymbol{Y}_3 \\ \Delta \boldsymbol{Y}_4 \end{bmatrix} = \boldsymbol{0} \tag{5-9}$$

如消去物流联结方程，即合并式(5-7)和式(5-8)，可得维数大为减小的简化模型。

$$\begin{bmatrix} \boldsymbol{I} & & & -\boldsymbol{A}_1 \\ -\boldsymbol{A}_2 & \boldsymbol{I} & & \\ & -\boldsymbol{A}_3 & \boldsymbol{I} & \\ & & -\boldsymbol{A}_4 & \boldsymbol{I} \end{bmatrix} \begin{bmatrix} \Delta \boldsymbol{Y}_1 \\ \Delta \boldsymbol{Y}_2 \\ \Delta \boldsymbol{Y}_3 \\ \Delta \boldsymbol{Y}_4 \end{bmatrix} = \boldsymbol{0} \tag{5-10}$$

式(5-9)和式(5-10)中，$\boldsymbol{I}$ 为单位矩阵，$\boldsymbol{A}_i$ 为第 i 个严格单元模块的雅可比矩阵，可通过对严格单元模块的摄动而得到，即用差商法求得近似偏导数矩阵。

【例 5-1】 用联立模块法对图 5-3 给出的三级闪蒸过程进行稳态模拟。

解 利用式(5-6)写出每个过程单元的简化模型：

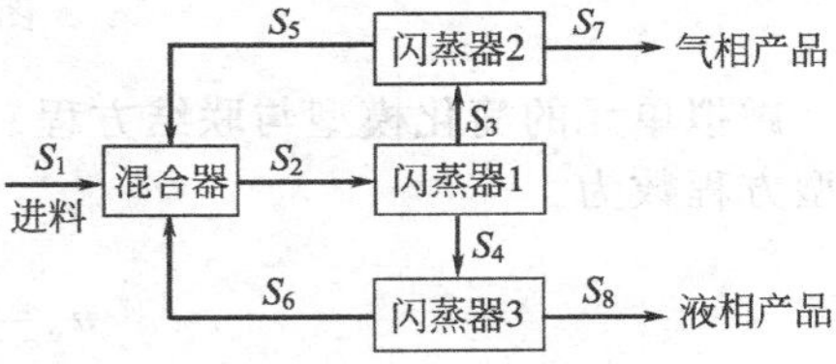

混合器： $\Delta S_2 = \boldsymbol{A}_{25} \Delta S_5 + \boldsymbol{A}_{26} \Delta S_6 + \boldsymbol{A}_{21} \Delta S_1$

闪蒸器 1： $\Delta S_3 = \boldsymbol{A}_{32} \Delta S_2$

$\Delta S_4 = \boldsymbol{A}_{42} \Delta S_2$

闪蒸器 2： $\Delta S_7 = \boldsymbol{A}_{73} \Delta S_3$

$\Delta S_5 = \boldsymbol{A}_{53} \Delta S_3$

闪蒸器 3： $\Delta S_6 = \boldsymbol{A}_{64} \Delta S_4$

$\Delta S_8 = \boldsymbol{A}_{84} \Delta S_4$

图 5-3 三级闪蒸过程

由于混合器的严格模型为线性模型，且系统进料流股变量为给定值，所以有

$$\boldsymbol{A}_{25} = \boldsymbol{A}_{26} = \boldsymbol{A}_{21} = \boldsymbol{I}$$

$$\Delta S_1 = 0$$

即 $\Delta S_2 = \boldsymbol{I} \Delta S_5 + \boldsymbol{I} \Delta S_6$

把上述线性简化模型写成矩阵形式的迭代格式，则有

$$\begin{bmatrix} \boldsymbol{I} & & & -\boldsymbol{I} & -\boldsymbol{I} & & \\ -\boldsymbol{A}_{32} & \boldsymbol{I} & & & & & \\ -\boldsymbol{A}_{42} & & \boldsymbol{I} & & & & \\ & & -\boldsymbol{A}_{53} & \boldsymbol{I} & & & \\ & & -\boldsymbol{A}_{64} & & \boldsymbol{I} & & \\ & -\boldsymbol{A}_{73} & & & & \boldsymbol{I} & \\ & & -\boldsymbol{A}_{84} & & & & \boldsymbol{I} \end{bmatrix}^k \begin{bmatrix} \Delta S_2 \\ \Delta S_3 \\ \Delta S_4 \\ \Delta S_5 \\ \Delta S_6 \\ \Delta S_7 \\ \Delta S_8 \end{bmatrix}^k = \boldsymbol{0} \tag{5-11}$$

或 $$\boldsymbol{A}^k \Delta S^k = \boldsymbol{0} \tag{5-12}$$

解线性方程组式(5-12)，得到 ΔS^k，物流变量迭代的修正格式为

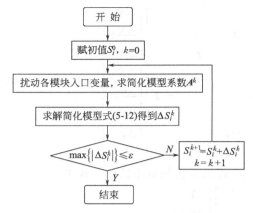

图 5-4 联立模块法迭代计算框图

$$S_i^{k+1} = S_i^k + \Delta S_i^k \qquad (5\text{-}13)$$

每次变量修正后，重新用摄动法更新式(5-11)中的各子雅可比矩阵，直到满足收敛条件为止。收敛判据可采用下面两种形式之一：

$$\| \Delta S \| = \sqrt{\Delta S_1^2 + \Delta S_2^2 + \cdots + \Delta S_8^2} \leqslant \varepsilon \qquad (5\text{-}14)$$

$$\| \Delta S \| = \max\{|\Delta S_i|\} \leqslant \varepsilon \qquad (i = 1, 2, \cdots, 8) \qquad (5\text{-}15)$$

图 5-4 是迭代计算框图。

5.2.2 以回路为基本单元的简化模型建立方法

此方法是采用切断回路的方式，将回路中的过程单元作为一个虚拟单元处理，建立虚拟单元的简化模型，如图 5-5 所示，虚线内的回路构成了一个虚拟单元。

图 5-5 切断回路方式

虚拟单元的简化模型与联结方程、设计规定方程一起构成了系统的简化模型。系统简化模型方程数为

$$n_e = 2 \sum_{i=1}^{n_t} (c_i + 2) + n_d \qquad (5\text{-}16)$$

式中，n_t 为切断再循环流股数，其他符号同式(5-1)。由于切断的再循环流股数 n_t 比联结流股数 n_c 少得多，因此一些简单的方程求解技术就可以处理这样的流程模型。

【例 5-2】 以回路切断方式建立三级闪蒸过程系统的简化模型。

解 首先必须确定切断流位置。从图 5-3 不难看出最佳切断流是 S_2，因为它可以同时切断两个再循环流，使迭代计算具有最少的切断流变量。图 5-6 给出了回路切断方式的划定

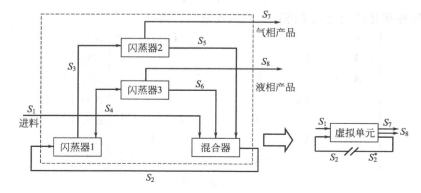

图 5-6 三级闪蒸过程的回路切断方式

范围和虚拟单元表示。虚拟单元的简化模型如下：

$$\Delta S_7 = \boldsymbol{A}_{72}\Delta S_2 \tag{5-17}$$

$$\Delta S_8 = \boldsymbol{A}_{82}\Delta S_2 \tag{5-18}$$

$$\Delta S_2^* = \boldsymbol{A}_{22}\Delta S_2 \tag{5-19}$$

$$\Delta S_2 = \Delta S_2^* \tag{5-20}$$

将式(5-19)代入式(5-20)，得到

$$(\boldsymbol{I}-\boldsymbol{A}_{22})\Delta S_2 = 0 \tag{5-21}$$

用矩阵表示简化模型为

$$\begin{bmatrix} (\boldsymbol{I}-\boldsymbol{A}_{22}) & 0 & 0 \\ -\boldsymbol{A}_{22} & \boldsymbol{I} & 0 \\ -\boldsymbol{A}_{82} & 0 & \boldsymbol{I} \end{bmatrix} \begin{bmatrix} \Delta S_2 \\ \Delta S_7 \\ \Delta S_8 \end{bmatrix} = 0 \tag{5-22}$$

上式中的第一行可以独立求解，得到 ΔS_2。一旦解出 ΔS_2，分别代入第二、三行，则可得到 ΔS_7 和 ΔS_8。

本章小结

联立模块法的关键是建立简化模型，根据划定的范围不同，主要有以过程单元为基本单元和以回路为基本单元的简化模型建立方法。在实际中，选择哪种划定方式建立模型，需要权衡精度和计算效率两个方面，以及单元模块层次和流程系统层次上的计算时间分配。总的原则是：简化模型容易建立，求解方便和迭代收敛快速。

参考文献

［1］ 张卫东，孙巍，刘君腾. 化工过程分析与合成. 第 2 版. 北京：化学工业出版社，2011.
［2］ 姚平经. 过程系统分析与综合. 大连：大连理工大学出版社，2004.
［3］ 姚平经. 过程系统工程. 上海：华东理工大学出版社，2009.

习　　题

5-1　对图 5-7 所示的过程系统，若以图 $Y_i = G_i(X_i)$ 表示第 i 个过程单元的输入与输出的关系，$R = g(X_3)$ 为设计规定方程，试以过程单元为基本单位建立简化模型。

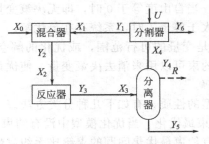

图 5-7　四个单元的过程系统

5-2　以回路为基本单元，对图 5-7 所示的过程系统建立简化模型。

6 | 最优化方法

6.1 基本概念

6.1.1 最优化模型与求解方法

化工过程的最优化模型一般可表示为

$$\min_{X \in D} \quad f(X)$$
$$s.t. \quad g_i(X) \leqslant 0 \quad (i=1,2,\cdots,p) \quad \quad (6\text{-}1)$$
$$\quad \quad h_j(X) = 0 \quad (j=1,2,\cdots,t)$$

式中，X 称为优化变量，也称为决策变量，$f(X)$ 称为目标函数，$g_i(X) \leqslant 0 (i=1,2,\cdots,p)$、$h_j(X)=0(j=1,2,\cdots,t)$ 称为约束条件，而 $g_i(X)$、$h_j(X)$ 称为约束函数。满足所有约束的 X 称为可行点，可行点的集合称为可行域，表示为

$$D=\{X \mid g_i(X) \leqslant 0(i=1,2,\cdots,p),h_j(X)=0(j=1,2,\cdots,t)\} \quad (6\text{-}2)$$

对极大化问题 $\max f(X)$，可转化成极小化问题，即：$\min[-f(X)]=\max f(X)$。

最优化模型一般包括目标函数、决策变量和约束条件三大要素。

① 目标函数　目标函数又称为性能函数或评价函数，它是评价一个过程系统的某种性能指标，可以是技术性指标，也可以是经济性指标。对于同一个系统，根据不同的优化目的，可以建立各种完全不同的目标函数。

② 决策变量　决策变量是指对过程系统的性能指标有明显影响、互不相关和可调的那些变量。系统除决策变量外，还有状态变量，它们是决策变量的函数，用来描述系统的性态。决策变量一旦确定，状态变量也随之确定，即系统的状态也被确定。从数学上讲，决策变量数等于系统的自由度数。当自由度等于 0 时，即无决策变量，解是唯一的，表明过程系统不存在最优解；当自由度大于等于 1 时，系统存在最优解。

③ 约束条件　约束条件是变量的可行范围，或优化的解空间。约束条件有等式约束和不等式约束两种形式，等式约束可以用来消去决策变量，使优化问题的维数降低，搜索空间变小，有利于优化问题的求解。

最优化问题根据优化模型的性质，有如下几种分类方法。

① 无约束最优化和有约束最优化　当优化模型中没有约束条件时，称为无约束最优化，否则，称为有约束最优化。有约束最优化问题的求解比无约束最优化问题的求解困难得多。

② 线性规划和非线性规划　当优化模型中的目标函数和约束条件全为线性函数时，称为线性规划（LP）。当目标函数和约束条件中至少有一项非线性函数关系时，称为非线性规划（NLP）。线性规划问题有比较成熟的求解方法，容易求解，而非线性规划问题的求解一般比较困难。

③ 连续变量最优化和混合整数最优化　当优化变量全为连续变量时，称为连续变量最

优化。当优化变量含有整数变量时，称为混合整数最优化。如果优化变量全为整数，称为整数最优化。

混合整数最优化问题的求解比连续变量最优化问题的求解困难得多。过程综合设计问题大多可归结为混合整数最优化问题，所以混合整数最优化问题的求解非常重要。

④ 单变量最优化和多变量最优化 当优化变量的数目只有一个时称为单变量最优化。当优化变量数目大于 1 时称为多变量最优化。多变量最优化求解比单变量最优化求解要复杂和困难。

最优化问题的求解方法分为以下几类。

① 直接法和间接法 直接利用目标函数在某些搜索点上的性质和数值，以确定搜索方向，逐步逼近最优点的求解方法称为直接法。利用函数导数、梯度、一阶偏导数矩阵等性质，寻求最优化的必要条件，修正优化变量，搜索极值点，从而获得最优解的方法称为间接法。

一般而言，间接法的求解过程较为复杂，但计算效率比直接法高。而直接法不受函数连续、可微的限制，使用范围较广。

② 可行路径法和不可行路径法 在求解有约束最优化问题时，每次迭代产生的搜索点都满足约束条件的计算方法称为可行路径法。而每次迭代产生的搜索点不需要满足约束条件，但要求达到最优时满足约束条件的计算方法称为不可行路径法。

可行路径法简单可靠，但计算量很大。不可行路径法的计算效率高于可行路径法，但求解过程可能不稳定。

③ 确定型法和随机型法 从初始点搜索到最优点的路径是确定的，这类方法称为确定型法。而每次初始点的产生和搜索到最优点的路径都是随机的，这类方法称为随机型法。

一般而言，对简单的优化问题，确定型法比随机型法搜索效率高，但对于复杂的优化问题，随机型法有潜在的优势，现代智能优化法多数属于随机型法。

最优化问题的常用求解策略是：将有约束最优化问题转化为无约束最优化问题进行求解；将非线性规划问题转化为线性规划问题求解；将多变量的优化问题转化为单变量优化问题求解；将确定型优化问题转化为随机型优化问题求解。

6.1.2 化工过程的最优化问题

化工过程领域所涉及的最优化问题很多，从层次和规模方面考虑有：单元设备、装置、工厂、企业、供应链及工业生态园区等不同层次和规模。从应用目的方面考虑有：规划与设计，如工厂选址、运输网布局、供应链优化、设备布局、流程设计等；综合与集成，如换热网络综合、分离序列综合、反应器网络综合、能量集成、质量集成、水系统集成等；计划与调度，如多产品厂生产计划，设备与资源调度，催化剂和设备的最佳更换（清洗），多周期操作等；操作与控制，如优化温度、压力、流量和配比等操作参数，使经济和技术指标达到最优。

6.2 无约束最优化方法[1~4]

6.2.1 一维搜索方法

一维搜索是优化方法中最简单、最基本的方法。它是求解多变量优化问题的基础，大多数多变量优化是通过转化为一维搜索优化问题来求解的。下面介绍一维搜索的几种方法。

6.2.1.1 区间消去法

假定函数 $f(x)$ 是区间 $[a,b]$ 上的单峰函数。所谓单峰函数，是指函数 $f(x)$ 在区间 $[a,b]$ 上只有一个极值点 x^*。即在 x^* 的左边，函数是严格减小的；在 x^* 的右边，函数是严格增加的。先在搜索区间内任取两点 x_1、x_2，且 $x_1 < x_2$，计算这两点的函数值 $f(x_1)$、$f(x_2)$，比较 $f(x_1)$ 和 $f(x_2)$，有三种情况：

① 如图 6-1(a) 所示，$f(x_1) < f(x_2)$，x^* 必在 $[a,x_2]$ 内，可消去 $[x_2,b]$；

② 如图 6-1(b) 所示，$f(x_1) > f(x_2)$，x^* 必在 $[x_1,b]$ 内，可消去 $[a,x_1]$；

③ 如图 6-1(c) 所示，$f(x_1) = f(x_2)$，x^* 必在 $[x_1,x_2]$ 内，可消去 $[a,x_1]$ 和 $[x_2,b]$。为方便计算，可将此情况并入情况②，即合并为 $f(x_1) \geqslant f(x_2)$ 时，消去 $[a,x_1]$。

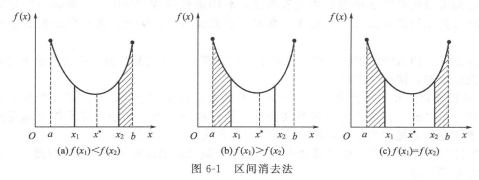

图 6-1　区间消去法

这样，不管哪种情况发生，都将使搜索区间缩小。若采用等间距取点，即 $x_1 - a = x_2 - x_1 = b - x_2$，则每次消去原区间的 1/3。设初始搜索区间的长度为 L_0，经过 n 次搜索后区间长度为 L_n，则

$$L_n = (2/3)^n L_0 \approx (0.677)^n L_0$$

比值 L_n/L_0 称为 n 次搜索的区间缩短率，此值是搜索效率的量度，值越小，表明搜索效率越高。显然，不同的取点方法，搜索效率亦不同。下面介绍的黄金分割法是一种搜索效率较高的方法。

6.2.1.2 黄金分割法

黄金分割法的取点应满足两条原则：①等比收缩原则，即区间每一次的缩短率 λ 不变；②对称取点原则，即所取两点在区间中位置对称。

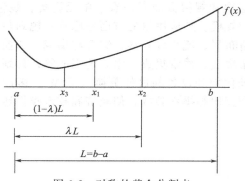

图 6-2　对称的黄金分割点

设初始区间为 $[a,b]$，长度为 L，在区间中取对称两点 x_1 和 x_2，如图 6-2 所示，有 $\overline{ax_1} = \overline{x_2 b}$，根据区间消去法，如消去区间 $[x_2,b]$，第一次区间缩短率为

$$\lambda_1 = \frac{\overline{ax_2}}{\overline{ab}} = \lambda \tag{6-3}$$

第二次区间缩短时取一个内点 x_3，使满足 $\overline{ax_3} = \overline{x_1 x_2}$（对称取点原则），如果 $f_3 < f_1$ 应舍去区间 $[x_1,x_2]$，得到新区间 $[a,x_1]$，此次区间缩短率为

$$\lambda_2 = \frac{\overline{ax_1}}{\overline{ax_2}} = \frac{(1-\lambda)L}{\lambda L} = \frac{1-\lambda}{\lambda} \tag{6-4}$$

根据等比收缩原则 $\lambda_1=\lambda_2$，则有

$$\frac{1-\lambda}{\lambda}=\lambda \tag{6-5}$$

解上式取合理根为

$$\lambda=\frac{\sqrt{5}-1}{2}\approx0.618$$

于是，$x_2=0.618L$，$x_1=0.382L$。对搜索区间的这种取点法，称为黄金分割法，也称为 0.618 法。

黄金分割法的 n 次搜索区间缩短率 $L_n/L_0=(0.618)^n$，此值比等间隔取点的缩短率小，说明黄金分割法的搜索效率比等间隔取点的高。除此之外，黄金分割法还有个最大的优点，即经过一次搜索之后，无论消去哪一个区间，剩下的内点对于剩余区间仍为黄金分割点。这样，除了第一次搜索之外，每次搜索只要计算一次函数值，节省了计算时间。

黄金分割法的计算步骤如下：

① 确定搜索区间 $[a,b]$；

② 计算 $x_2=a+0.618(b-a)$，$f_2=f(x_2)$；

③ 计算 $x_1=a+0.382(b-a)$，$f_1=f(x_1)$；

④ 若 $|x_1-x_2|<\varepsilon$，则输出 $x^*=(x_1+x_2)/2$，结束；否则，转⑤；

⑤ 若 $f_1\leqslant f_2$，置 $b=x_2$，$x_2=x_1$，$f_2=f_1$ 转③；否则，置 $a=x_1$，$x_1=x_2$；$f_1=f_2$，$x_2=a+0.618(b-a)$，$f_2=f(x_2)$，转④。

计算框图见图 6-3。

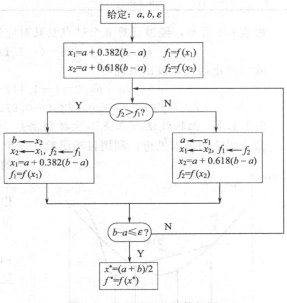

图 6-3 黄金分割法计算框图

【例 6-1】 试用黄金分割法求解 $\min f(X)=x(x+2)$，已知初始单峰区间 $[a,b]=[-3,5]$，要求计算精度 $\varepsilon=0.3$。

解 (1) 取内分点 x_1 和 x_2，并计算对应的函数值

$$x_1=a+0.382(b-a)=-3+0.382(5+3)=0.056$$
$$x_2=a+0.618(b-a)=-3+0.618(5+3)=1.944$$
$$f_1=x_1(x_1+2)=0.056(0.056+2)=0.115$$
$$f_2=x_2(x_2+2)=1.944(1.944+2)=7.667$$

(2) 缩短区间 因 $f_1<f_2$，故舍弃 $[x_2,b]$，并作如下置换与计算

$$b\leftarrow x_2=1.944 \quad x_2\leftarrow x_1=0.056 \quad f_2\leftarrow f_1=0.115$$
$$x_1=a+0.382(b-a)=-3+0.382(1.944+3)=-1.111$$
$$f_1=f(x_1)=-1.111(-1.111+2)=-0.988$$

(3) 检查迭代终止条件

$$b-a=1.944+3=4.944>\varepsilon$$

因不满足终止条件，故返回步骤（2），继续缩短区间。

各次迭代计算结果见表 6-1。

表 6-1　例6-1 的迭代计算结果

迭代次序	a	b	x_1	x_2	f_1	比较	f_2	$b-a$
1	−3	5	0.056	1.944	0.115	<	7.667	8.000
2	−3	1.944	−1.111	0.056	−0.988	<	0.115	4.944
3	−3	0.056	−1.833	−1.111	−0.306	>	−0.988	3.056
4	−1.833	0.056	−1.111	−0.666	−0.988	<	−0.888	1.889
5	−1.833	−0.666	−1.387	−1.111	−0.850	>	−0.988	1.167
6	−1.387	−0.666	−1.111	−0.941	−0.988	>	−0.997	0.721
7	−1.111	−0.666	−0.941	−0.836	−0.997	<	−0.973	0.445
8	−1.111	−0.836						0.275

由表 6-1 可知，经过计算 8 个试点及其对应的函数值，7 次缩短区间，已将区间缩短为

$$b-a=-0.836-(-1.111)=0.275<\varepsilon=0.3$$

故可停止迭代，输出最优解

$$x^*=(a+b)/2=(-1.111-0.836)/2=-0.9735$$

$$f^*=f(x^*)=-0.9735(-0.9735+2)=-0.9993\approx-1.000$$

6.2.1.3　抛物线法（三点二次插值法）

抛物线法的基本思想：利用目标函数在三个点上的值构造一个二次函数，用此二次函数的极小点作为近似点。近似点求出后，与原来的三个点进行比较，从中找出合适的三点，作出新的抛物线，重新计算近似点，直至满足一定的停止搜索判据。

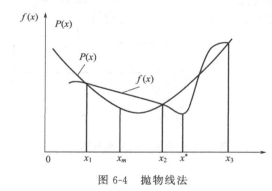

图 6-4　抛物线法

如图 6-4 所示，假设函数 $f(x)$ 在 x_1、x_2、x_3 处有函数值 $f(x_1)$、$f(x_2)$、$f(x_3)$，且满足

$$x_1<x_2<x_3$$
$$f(x_1)>f(x_2)<f(x_3)$$

假定过这三点的抛物线方程为

$$P(x)=a+bx+cx^2 \tag{6-6}$$

插值法

显然

$$\begin{cases} P(x_1)=a+bx_1+cx_1^2=f(x_1) \\ P(x_2)=a+bx_2+cx_2^2=f(x_2) \\ P(x_3)=a+bx_3+cx_3^2=f(x_3) \end{cases} \tag{6-7}$$

最小值点 x^* 可以方便地由 $P(x)$ 求导得到

$$x^*=-\frac{b}{2c} \tag{6-8}$$

式中的系数 b 和 c 可通过解线性方程组(6-7) 求得，代入式(6-8)，便得到

$$x_m=\frac{1}{2}\frac{f(x_1)(x_2^2-x_3^2)+f(x_2)(x_3^2-x_1^2)+f(x_3)(x_1^2-x_2^2)}{f(x_1)(x_2-x_3)+f(x_2)(x_3-x_1)+f(x_3)(x_1-x_2)} \tag{6-9}$$

然后计算 $f(x_m)$，比较 $f(x_1)$、$f(x_2)$、$f(x_3)$ 和 $f(x_m)$ 四个值，找出其中相邻的且满足"两边高中间低"条件的三个点，重复上述步骤，作出新的二次函数，直至 x_m 与 x_2 或

（和）$f(x_m)$ 与 $f(x_2)$ 充分接近。即满足收敛判据

$|f(x_m)-f(x_2)|{\leqslant}\varepsilon_1$或（和）$|x_m-x_2|{\leqslant}\varepsilon_2$为止。

一般说来，抛物线法比黄金分割法更为有效。抛物线法的计算过程如下：

① 确定初始搜索区间，选择满足中间低两头高的 3 点；

② 利用式(6-9) 计算极值点 x_m；

③ 终止判断：当 $|x_2-x_m|<\varepsilon$ 时，如果 $f(x_m){\leqslant}f(x_2)$，则 x_m 为所求的极小点；如果 $f(x_m)>f(x_2)$，则 $x_2{\Rightarrow}x_m$，即为所求的极小点。当 $|x_2-x_m|{\geqslant}\varepsilon$ 时，则需比较 $f(x_2)$ 与 $f(x_m)$ 的大小，以便在 x_1、x_2、x_m 和 x_3 四点中丢掉点 x_1 或 x_3，得到新的三点（其代号仍为 x_1、x_2、x_3，这三点应保持两端点 x_1 和 x_3 的函数值大，中间点 x_2 的函数值小的性质）。然后再转②。

【例 6-2】 用抛物线法求目标函数

$$f(x)=x^2-x$$

的最小值。精确到两位小数。

解 初始搜索区间为 $[-1.7,1.5]$，区间内点取中点。计算这三点的目标函数值为

$$x_1=-1.7,\ x_2=-0.1,\ x_3=1.5$$
$$f_1=4.59,\ f_2=0.11,\ f_3=0.75$$

由式(6-9) 可直接求得近似点

$$x_m=\frac{1}{2}\cdot\frac{f_1(x_2^2-x_3^2)+f_2(x_3^2-x_1^2)+f_3(x_1^2-x_2^2)}{f_1(x_2-x_3)+f_2(x_3-x_1)+f_3(x_1-x_2)}$$
$$=\frac{1}{2}\cdot\frac{4.59[(-0.1)^2-1.5^2]+0.11[1.5^2-(-1.7)^2]+0.75[(-1.7)^2-(-0.1)^2]}{4.59(-0.1-1.5)+0.11(1.5+1.7)+0.75(-1.7+0.1)}$$
$$=0.50$$

$$f(x_m)=0.50^2-0.5=-0.25$$

在 x_1、x_2、x_3 和 x_m 四点中，x_2、x_m 和 x_3 三点符合"两边高中间低"的条件，故用这三点作为第二次搜索的插值点，即

$$x_1=x_2=-0.1,\ x_2=x_m=0.50,\ x_3=x_3=1.5$$
$$f_1=0.11,\ f_2=-0.25,\ f_3=0.75$$

第二次搜索的近似点为

$$x_m=\frac{1}{2}\cdot\frac{0.11(0.5^2-1.5^2)-0.25[1.5^2-(-0.1)^2]+0.75[(-0.1)^2-0.5^2]}{0.11(0.5-1.5)-0.25(1.5+0.1)+0.75(-0.1-0.5)}$$
$$=0.50$$

$$f(x_m)=0.50^2-0.50=-0.25$$

因为

$$x_m-x_2=0.00,\ f(x_m)-f(x_2)=0.00$$

所以已满足精度要求，该例的解为

$$x_m=0.50,\ f(x_m)=-0.25$$

6.2.2 多变量最优化方法

多变量函数优化方法可以分成两大类：一类是基于函数导数的方法，也称为解析法；另一类是直接法，即不使用目标函数的导数，而只使用目标函数值的一类方法。

大多数最优化方法一般包括两个重要步骤：①确定搜索方向；②确定沿此搜索方向的步长。确定搜索方向的方法不同，就形成了不同的优化方法。当搜索方向确定后，搜索步长的

确定就是个一维搜索问题。

6.2.2.1　梯度法

梯度法是求解无约束最优化问题的一种最古老、最基本的算法。此法是取函数的负梯度方向作为搜索方向，即

$$S^{(k)} = -\nabla f(X^{(k)}) \tag{6-10}$$

因为在负梯度方向上目标函数的值下降最快，所以这个方法又称为最速下降法。梯度的计算公式为

$$\nabla f(X) = \left[\frac{\partial f}{\partial x_1}, \frac{\partial f}{\partial x_2}, \cdots, \frac{\partial f}{\partial x_n}\right]^{\mathrm{T}} \tag{6-11}$$

梯度法的迭代步骤如下：

① 取初始点 $X^{(0)}$ 及判别收敛的正数 ε，令 $k \Leftarrow 0$。

② 计算 $\nabla f(X^{(k)})$。

③ 若 $\|\nabla f(X^{(k)})\| \leqslant \varepsilon$，则迭代停止，$X^{(k)}$ 即为所求。否则，转④。

④ 求单变量极值问题的最优解 λ_k

$$S^{(k)} \Leftarrow -\nabla f(X^{(k)}), \quad f(X^{(k)} + \lambda_k S^{(k)}) = \min_{\lambda \geqslant 0} f(X^{(k)} + \lambda S^{(k)})$$

⑤ 令 $X^{(k+1)} \Leftarrow X^{(k)} + \lambda_k S^{(k)}$，$k \Leftarrow k+1$，转②。

梯度法的计算框图如图 6-5 所示。

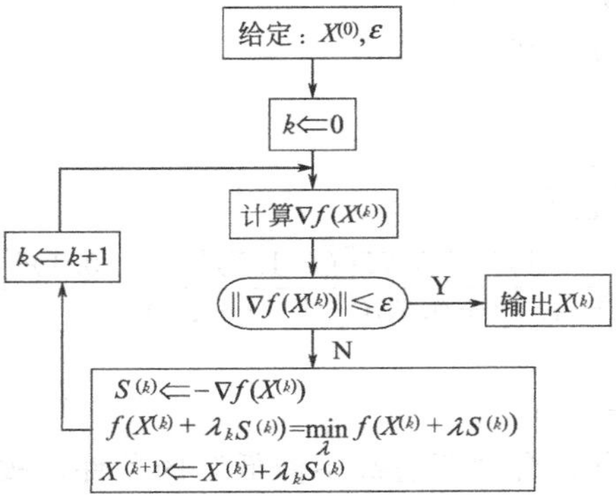

【例 6-3】　用梯度法求 $\min f(X) = x_1^2 + 25x_2^2$ 的解。

解　设初始点 $X^{(0)} = (2,2)^{\mathrm{T}}$，这时 $f(X^{(0)}) = 104$，而

$$\frac{\partial f(X^{(0)})}{\partial x_1} = 2x_1 = 4, \quad \frac{\partial f(X^{(0)})}{\partial x_2} = 50x_2 = 100$$

因此，$\nabla f(X^{(0)}) = [4, 100]^{\mathrm{T}}$。沿 $-\nabla f(X^{(0)})$ 的方向求一维极小。

图 6-5　梯度法计算框图

梯度下降法

令 $\varphi(\lambda) = f(X^{(0)} - \lambda \nabla f(X^{(0)})) = (2-4\lambda)^2 + 25(2-100\lambda)^2$，由 $\dfrac{\mathrm{d}\varphi(\lambda)}{\mathrm{d}\lambda} = 0$，得

$$2(2-4\lambda)(-4) + 50(2-100\lambda)(-100) = 0$$

故 $\lambda_0 = 10016/500032 = 0.02003$，从而得 $X^{(1)} = X^{(0)} - \lambda_0 \nabla f(X^{(0)}) = [1.92, -0.003]^{\mathrm{T}}$，$f(X^{(1)}) = 3.686$

再从 $X^{(1)}$ 出发，和上面一样进行迭代，可求得 $X^{(2)}$。如此继续迭代下去，经几次迭代后便可得到和精确极小点 $[0,0]^{\mathrm{T}}$ 非常接近的近似解。实际上，这是一个无限的迭代过程。三次迭代的计算结果见表 6-2。

表 6-2　例 6-3 迭代计算结果

点号 k	$x_1^{(k)}$	$x_2^{(k)}$	$f(X^{(k)})$	$\dfrac{\partial f(X^{(k)})}{\partial x_1}$	$\dfrac{\partial f(X^{(k)})}{\partial x_2}$	λ_k
0	2	2	104	4	100	0.02
1	1.920	−0.003	3.686	3.840	−0.154	0.482
2	0.071	0.071	0.131	0.142	3.544	0.02
3	0.068	−0.0001	0.0046	0.0136	−0.0054	

6.2.2.2 牛顿法

牛顿法也是求解无约束最优化问题的最古老算法之一，这种算法虽然在解决实际问题时已很少应用，但它是应用较多的变尺度法的基础。

假定 $f(X)$ 为具有连续的一、二阶偏导数的目标函数，$X^{(k)}$ 为极小点的某个近似点，$f(X)$ 对于 $X^{(k)}$ 作泰勒展开，并略去高于二次的项，可得

$$f(X) \approx \varphi(X) = f(X^{(k)}) + [\nabla f(X^{(k)})^{\mathrm{T}}][X - X^{(k)}] + \frac{1}{2}[X - X^{(k)}]^{\mathrm{T}} \nabla^2 f(X^{(k)})[X - X^{(k)}]$$

$$(6-12)$$

式中，$\nabla^2 f(X^{(k)})$ 表示函数 $f(X)$ 在 $X^{(k)}$ 处的二阶导数矩阵。

取 $\varphi(X)$ 的极小点作为 $f(X)$ 的极小点的下一个近似点 $X^{(k+1)}$。函数 $\varphi(X)$ 存在极小点 $\hat{X}$ 的必要条件为 $\nabla \varphi(\hat{X}) = 0$。

而
$$\nabla \varphi(X) = \nabla f(X^{(k)}) + \nabla^2 f(X^{(k)})(X - X^{(k)})$$

故
$$\hat{X} = X^{(k)} - [\nabla^2 f(X^{(k)})]^{-1} \nabla f(X^{(k)})$$

由此可得牛顿法的迭代公式为

$$X^{(k+1)} = X^{(k)} - [\nabla^2 f(X^{(k)})]^{-1} \nabla f(X^{(k)})$$

$$(6-13)$$

从牛顿法的导出过程可知，对于二次函数，用牛顿法只需迭代一次就可得到极小点。

【例 6-4】 用牛顿法求 $\min f(X) = x_1^2 + 25x_2^2$ 的解。

解 取初值点 $X^{(0)} = [2, 2]^{\mathrm{T}}$，则有

$$\nabla f(X^{(0)}) = [4, 100]^{\mathrm{T}}$$

$$\nabla^2 f(X^{(0)}) = \begin{bmatrix} 2 & 0 \\ 0 & 50 \end{bmatrix}$$

阻尼牛顿法

故 $$X^{(1)} = X^{(0)} - [\nabla^2 f(X^{(0)})]^{-1} \nabla f(X^{(0)}) = \begin{bmatrix} 2 \\ 2 \end{bmatrix} - \begin{bmatrix} 1/2 & 0 \\ 0 & 1/50 \end{bmatrix} \begin{bmatrix} 4 \\ 100 \end{bmatrix} = \begin{bmatrix} 0 \\ 0 \end{bmatrix}$$

此即是函数 $f(X)$ 的精确极小点。

对于非二次函数，由于它们在极小点附近和二次函数很近似，使用牛顿法，其收敛速度也是快的。但是牛顿法要求初始点选得比较好，即离极小点不能太远，在不知道极小点位置的情况下，有时是很难做到的。这样就有可能使得极小化序列发散，或者收敛到非极小点。

为了克服这个缺点，人们对算法作了修正，提出了"阻尼牛顿法"。实际上，在牛顿法中步长因子 λ_k 总取为 1，而在阻尼牛顿法中，每一步迭代都是沿方向

$$S^{(k)} = -[\nabla^2 f(X^{(k)})]^{-1} \nabla f(X^{(k)})$$

$$(6-14)$$

作一维搜索，即以迭代公式

$$X^{(k+1)} = X^{(k)} - \lambda_k [\nabla^2 f(X^{(k)})]^{-1} \nabla f(X^{(k)})$$

$$(6-15)$$

代替式(6-13)，其中 λ_k 使

$$f(X^{(k)} + \lambda_k S^{(k)}) = \min_\lambda f(X^{(k)} + \lambda S^{(k)})$$

$$(6-16)$$

阻尼牛顿法（又称修正牛顿法）保持了牛顿法收敛快的特点，而又不要求初始点很好，是有实用价值的。但是阻尼牛顿法每一次迭代仍然要计算二阶导数矩阵的逆矩阵，当维数 n 较高时，这个工作量是很大的，这是它的缺点所在。

阻尼牛顿法的迭代步骤如下：

① 取初始点 $X^{(0)}$，判别收敛的正数 ε，令 $k \Leftarrow 0$；

② 计算 $\nabla f(X^{(k)})$；

③ 若 $\|\nabla f(X^{(k)})\| \leqslant \varepsilon$，则迭代停止，$X^{(k)}$ 即为所求，否则进行④；

④ 计算 $[\nabla^2 f(X^{(k)})]^{-1}$，并令

$$S^{(k)} \Leftarrow -[\nabla^2 f(X^{(k)})]^{-1}\nabla f(X^{(k)})$$

⑤ 求单变量极值问题的最优解 λ_k

$$\min_{\lambda} f(X^{(k)}+\lambda S^{(k)}) = f(X^{(k)}+\lambda_k S^{(k)})$$

⑥ 令 $X^{(k+1)} \Leftarrow X^{(k)}+\lambda_k S^{(k)}$，$k \Leftarrow k+1$，转②。

阻尼牛顿法的计算框图如图 6-6 所示。

6.2.2.3　坐标轮换法

坐标轮换法的核心思想是将多维的优化问题转化为一维的优化问题求解。坐标轮换法每一次以不同的坐标方向进行迭代搜索，搜索时需同一维搜索一样确定步长和搜索方向。

① 搜索方向　坐标轮换法的搜索方向是每一次沿着一个坐标的方向进行搜索，例如有 n 个坐标方向 $e_1,e_2,\cdots,e_n$，则每一次迭代都只对 1 个变量进行一维搜索，其余 $n-1$ 个变量保持不变，将 n 个变量都迭代计算一次即为一轮迭代。

② 搜索步长　当沿着第 i 个坐标方向 e_i 进行搜索时，搜索步长 λ_i 的确定满足最优步长策略，即求解一维最优化问题：$\min f(x_i+\lambda_i e_i)$。

对于 n 维最优化问题 $\min f(x_1,x_2,\cdots,x_n)$，

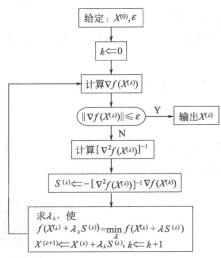

图 6-6　阻尼牛顿法的计算框图

坐标轮换法有如下步骤：

① 给定初值 $X_0^{(0)}$，搜索方向 $d=[e_1,e_2,\cdots,e_n]$，e_i 为沿第 i 个坐标方向的单位向量，$i=1,2,\cdots,n$；

② 以 $X_0^{(1)}=X_0^{(0)}$ 为初始点，沿 e_1 方向搜索，步长 $\lambda_1^{(1)}$，得到第一个迭代点 $X_1^{(1)}=X_0^{(1)}+\lambda_1^{(1)}e_1$；

③ 以上一次搜索的终点作为下一次迭代的起点，以 $X_1^{(1)}$ 为起点，沿 e_2 方向进行一维搜索，步长 $\lambda_2^{(1)}$，得 $X_2^{(1)}=X_1^{(1)}+\lambda_2^{(1)}e_2$，经 n 次迭代后完成第一轮迭代，得到 $X_n^{(1)}$；

④ 以上一轮迭代的终点 $X_n^{(1)}$ 作为下一轮迭代的起点 $X_0^{(2)}$ 重复步骤②和③，得到第二轮的迭代终点 $X_n^{(2)}$，如此反复迭代 k 轮；

⑤ 若第 k 轮迭代的终点与第 k 轮迭代的起点相差较小时，即 $\|X_n^{(k)}-X_0^{(k)}\| \leqslant \varepsilon$，迭代终止，$X_{\text{opt}}=X_n^{(k)}$，其中 ε 为预设的精度；坐标轮换法算法框图如图 6-7 所示。

坐标轮换法

【例 6-5】　用坐标轮换求 $\min f=10(x_1+x_2-1)^2+(x_1-x_2)^2$ 的解，初始点为 $X_0=[0.45;0.45]$，精度为 $\varepsilon=0.0001$。

解　X_0 对应的函数值 $f_0=0.1$。首先沿 $s_1=[1;0]$ 方向进行正向搜索，步长为 $h=2$，得到点 $X_1=[2.45;0.45]$，对应的函数值 $f_1=40.1$；

因 $f_1>f_0$，则从 X_0 沿 s_1 方向进行反向搜索，步长为 $h=2$，得到点 $X_2=[-1.55;0.45]$，对应的函数值 $f_2=48.1$；

因 $f_2>f_0$，所以沿 $s_1=[1;0]$ 方向搜索的步长范围为 $(a,b)=(-2,2)$。

再通过黄金分割法在（−2,2）内求得沿 s_1 方向搜索的最优步长 $\lambda=0.0909$，则沿 s_1 方向搜索得到点 $X_1^{(1)}=[0.5409;0.4500]$，对应的函数值 $f_1^{(1)}=0.0091$。

再以 $X_1^{(1)}$ 为初始点沿 $s_2=[0;1]$ 方向进行搜索，具体步骤同上，在（−2,2）内求得沿 s_2 方向搜索的最优步长 $\lambda=0.0165$，则沿 s_2 方向搜索得到 $X_1^{(2)}=[0.5409;0.4665]$，对应的函数值 $f_1^{(2)}=0.0061$；

至此，完成第一轮搜索，由于此时，$|f_1^{(2)}-f_0|=0.0039>0.0001$，未满足迭代终止条件，继续以 $X_1^{(2)}$ 为初始点重复上述步骤，直到 $|f_i^{(2)}-f_{i-1}^{(2)}|<0.0001$ 时迭代终止。

本例题最终通过 7 轮迭代得到精度为 0.0001 的最优解 $X_{\mathrm{opt}}=[0.5037;0.4970]$，$f_{\mathrm{opt}}=5.0233\times10^{-5}$。各轮次的迭代结果如下所示。

轮次	沿 s_1 方向搜索				沿 s_2 方向搜索			
	(a,b)	λ	$X_i^{(1)}$	$f_i^{(1)}$	(a,b)	λ	$X_i^{(2)}$	$f_i^{(2)}$
1	（−2,2）	0.0909	[0.5409;0.4500]	0.0091	（−2,2）	0.0165	[0.5409;0.4665]	0.0061
2	（−2,2）	−0.0135	[0.5274;0.4665]	0.0041	（−2,2）	0.0111	[0.5274;0.4776]	0.0027
3	（−2,2）	−0.0091	[0.5183;0.4776]	0.0018	（−2,2）	0.0074	[0.5183;0.4850]	0.0012
4	（−2,2）	−0.0060	[0.5123;0.4850]	0.00081	（−2,2）	0.0049	[0.5123;0.4899]	0.00055
5	（−2,2）	−0.0040	[0.5082;0.4899]	0.00037	（−2,2）	0.0033	[0.5082;0.4933]	0.00025
6	（−2,2）	−0.0027	[0.5055;0.4933]	0.00016	（−2,2）	0.0022	[0.5055;0.4955]	0.00011
7	（−2,2）	−0.0018	[0.5037;0.4955]	0.00007	（−2,2）	0.0015	[0.5037;0.4970]	0.00005

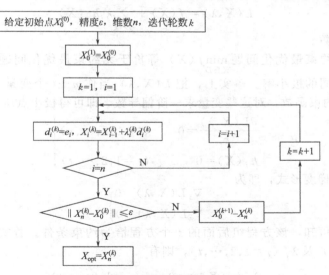

图 6-7 坐标轮换法的算法框图

6.3 有约束最优化方法[3,4]

有约束最优化问题可表达为

$$\left.\begin{array}{ll}\min\limits_{X\in D}f(X)\\ s.t. \quad g_i(X)\leqslant0 & (i=1,2,\cdots,p)\\ \quad\quad h_j(X)=0 & (j=1,2,\cdots,t)\end{array}\right\} \tag{6-17}$$

　　有约束优化问题可分为线性规划和非线性规划两类。线性规划的求解方法已有很成熟的算法。对有约束的非线性规划问题的求解，主要方法有：①转化为无约束的非线性规划问题进行求解；②转化为线性规划问题进行求解。

　　由于线性规划有很成熟的算法（如单纯形法），计算比较简单，而且有标准的求解程序，所以，本小节不介绍线性规划的求解，只介绍非线性规划的求解方法。

6.3.1　转化为无约束优化问题的求解方法

　　对于全为等式约束的最优化问题，可应用拉格朗日（Lagrange）乘子法去实现这种转化。而对于具有等式和不等式约束的最优化问题，可根据约束条件去构造"制约函数"，当约束条件不满足时，该函数将受到制约，当约束条件满足时，该函数则不受约束，这样就可以将约束极小化问题转化为序列无约束极小化问题。这类方法称为序列无约束极小化方法（sequential unconstrained minimization technique，简称 SUMT）。它又可分为惩罚函数法（或称为外点法），障碍函数法（或称为内点法）。

6.3.1.1　拉格朗日乘子法

　　对于具有等式约束的最优化问题

$$\left.\begin{array}{l}\min\limits_{X\in D}f(X)\\ s.t.\quad h_j(X)=0\qquad(j=1,2,\cdots,t)\end{array}\right\}\tag{6-18}$$

引进拉格朗日函数

$$L(X,\lambda)=f(X)+\sum_{j=1}^{t}\lambda_jh_j(X)\tag{6-19}$$

式中 λ_j 为特定常数。

　　可以证明有约束最优化问题 $\min\limits_{X\in D}f(X)$ 等价于无约束最优化问题 $\min L(X,\lambda)$，即这两个问题具有相同的极小解。事实上，把 $L(X,\lambda)$ 当作 $n+t$ 个变量 $x_1,x_2,\cdots,x_n$ 和 λ_1，$\lambda_2,\cdots,\lambda_t$ 的无约束函数，对这些变量求一阶偏导数，即可得极小点所要满足的方程。

$$\left.\begin{array}{l}\dfrac{\partial L(X,\lambda)}{\partial x_i}=0\qquad(i=1,2,\cdots,n)\\ h_j(X)=0\qquad(j=1,2,\cdots,t)\end{array}\right\}\tag{6-20}$$

将式(6-20)写成梯度形式，即为

$$\left.\begin{array}{l}\nabla_xL(X,\lambda)=0\\ \nabla_\lambda L(X,\lambda)=0\end{array}\right\}\tag{6-21}$$

　　由式(6-20)可知，该方程组后面的 t 个方程恰为约束条件。若式(6-20)的一组解为 $x_i^*(i=1,2,\cdots,n)$ 及 $\lambda_j^*(j=1,2,\cdots,t)$，则有

$$\lambda_j^*h_j(X^*)=0\qquad(j=1,2,\cdots,t)$$

故

$$L(X^*,\lambda^*)=f(X^*)$$

由此可推知，若 X^* 及 λ^* 是 $\min L(X,\lambda)$ 的极小点，则 X^* 必为原问题 $\min\limits_{X\in D}f(X)$ 的极小点。

　　【例6-6】　求 $\min\limits_{X\in D}f(X)=4x_1^2+5x_2^2$

$$D=\{X\,|\,h(X)=2x_1+3x_2-6=0\}$$

　　解　此问题的拉格朗日函数为

$$L(X,\lambda)=(4x_1^2+5x_2^2)+\lambda(2x_1+3x_2-6)$$

求解方程组

$$\begin{cases} \dfrac{\partial L}{\partial x_1}=8x_1+2\lambda=0 \\[2mm] \dfrac{\partial L}{\partial x_2}=10x_2+3\lambda=0 \\[2mm] h(X)=2x_1+3x_2-6=0 \end{cases}$$

得 $\qquad\qquad\qquad \lambda^*=-30/7,\ x_1^*=15/14,\ x_2^*=9/7$

因此，$\min\limits_{X\in D}f(X)$ 的极小点为 $X^*=[x_1^*,x_2^*]^{\mathrm T}=[15/14,9/7]^{\mathrm T}$，函数的极小值为 $f(X^*)=90/7$。

6.3.1.2 惩罚函数法

惩罚函数法是将用式(6-17)表示的多变量约束最优化问题 $\min\limits_{X\in D}f(X)$ 变化成下面的序列无约束极值问题

$$\min P(X,q)=f(X)+qS(X) \tag{6-22}$$

其中，$P(X,q)$ 称为惩罚函数，$qS(X)$ 称为惩罚项，q 称为惩罚因子，它是极限为 ∞ 的数列 $\{q_k\}$，$0<q_1<q_2<\cdots<q_k<\cdots$，$\lim\limits_{k\to\infty}q_k=\infty$。

对于以式(6-17)表示的约束最优化问题，函数 $S(X)$ 表示为

$$S(X)=\sum_{i=1}^{p}\left[\max(0,g_i(X))\right]^2+\sum_{j=1}^{t}h_j^2(X) \tag{6-23}$$

惩罚函数法的迭代步骤如下：

① 取初始点 $X^{(0)}$，并给定收敛的正数 ε，初始惩罚因子 q，惩罚因子增长系数 α；

② 求解无约束最优化问题

$$\min P(X,q)=f(X)+qS(X)$$

$$S(X)=\sum_{i=1}^{p}\left[\max(0,g_i(X))\right]^2+\sum_{j=1}^{t}h_j^2(X)$$

求得最优解 X^*；

③ 检验迭代终止条件：如果满足 $qS(X^*)<\varepsilon$，则迭代停止，X^* 即为所求；否则，转到④；

④ 令 $X^*\Rightarrow X^{(0)}$，$\alpha q\Rightarrow q$，转②。

惩罚函数法的计算框图如图 6-8 所示。

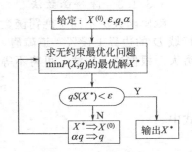

图 6-8　惩罚函数法计算框图

【例 6-7】 用惩罚函数法求解下列有约束的优化问题

$$\begin{cases} \min f(X)=\dfrac{1}{3}(x_1+1)^3+x_2 \\[2mm] \quad g_1(x)=x_1-1\geqslant0 \\[1mm] s.t.\quad g_2(x)=x_2\geqslant0 \end{cases}$$

外点法

解　构建惩罚函数

$$\phi(X,q)=\frac{1}{3}(x_1+1)^3+x_2+q[\min(0,x_1-1)]^2+q[\min(0,x_2)]^2$$

$$=\begin{cases} \dfrac{1}{3}(x_1+1)^3+x_2 & [g_1(x)\geqslant0,g_2(x)\geqslant0] \\[3mm] \dfrac{1}{3}(x_1+1)^3+x_2+q(x_1-1)^2+q(x_2)^2 & [g_1(x)<0\ 或\ g_2(x)<0] \end{cases}$$

对上式求偏导，得

$$\frac{\partial \phi}{\partial x_1} = \begin{cases} (x_1+1)^2 \\ (x_1+1)^2 + 2q(x_1-1) \end{cases}, \frac{\partial \phi}{\partial x_2} = \begin{cases} 1 \\ 1+2q(x_2) \end{cases}$$

令上述两式为 0，得无约束目标函数极小化问题的最优解为

$$x_1^* = -1 \text{ 或 } x_1^*(q) = -1-q \pm \sqrt{q^2+4q}, x_2^*(q) = -\frac{1}{2q}$$

当 $x_1^* = -1$ 或 $x_1^*(q) = -1-q-\sqrt{q^2+4q}$ 时，无法满足 $x_1 \geqslant 1$ 的条件，故舍去。

无约束极值点为 $\begin{cases} x_1^*(q) = -1-q+\sqrt{q^2+4q} \\ x_2^*(q) = -\dfrac{1}{2q} \end{cases}$

当惩罚因子渐增时，由下表可看出收敛情况。

q	x_1^*	x_2^*	$\phi^*(q)$	$f^*(q)$
0.01	-0.80975	-50.00000	-24.9650	-49.9977
0.1	-0.45969	-5.00000	-2.2344	-4.9474
1	0.23607	-0.50000	0.9631	0.1295
10	0.83216	-0.05000	2.3068	2.0001
1000	0.99800	-0.00050	2.6624	2.6582
∞	1	0	2.6667	2.6667

6.3.1.3 障碍函数法

障碍函数法不同于惩罚函数法，它要求迭代过程均在可行域 D 之内进行，为此，在可行域 D 的边界上设置一道障碍，使迭代点靠近 D 的边界时函数值变得很大，甚至趋近于无穷大。根据这一想法，可将不等式约束极值问题转化为下面的序列无约束极值问题

$$\min B(X,r) = f(X) + rT(X) \tag{6-24}$$

式中

$$T(X) = \sum_{i=1}^{P} \frac{1}{-g_i(X)} \tag{6-25}$$

或

$$T(X) = -\sum_{i=1}^{P} \ln(-g_i(X)) \tag{6-26}$$

$B(X,r)$ 称为障碍函数，$rT(X)$ 称为障碍项，当迭代点靠近 D 的边界时，此项数值趋近于正无穷大；r 为障碍因子，它满足

$$r_1 > r_2 > r_3 > \cdots > r_k > \cdots \lim_{k \to \infty} r_k = 0$$

障碍函数法的迭代步骤如下：

① 取障碍因子初值 $r > 0$，障碍因子的变化系数 $\beta(1 > \beta > 0)$，判别收敛的正数 ε；

② 求可行域 D 的一个内点 $X^{(0)}$；

③ 求无约束最优化问题

$$\min B(X,r) = f(X) + r\sum_{i=1}^{m} \frac{1}{-g_i(X)}$$

或 $\min B(X,r) = f(X) - r\sum\limits_{i=1}^{m} \ln(-g_i(X))$ 的最优解 X^*；

④ 检验迭代终止条件：若 $rT(X^*)<\varepsilon$，则迭代停止，X^* 即为所求；否则，令 $X^*\Rightarrow X^{(0)}$，$\beta r\Rightarrow r$，转③。

障碍函数法的计算框图如图 6-9 所示。

【例 6-8】 用障碍函数法求 $\min f(X)=x_1^2+x_2^2$，$s.t.\ g(x)=x_1-1\geqslant 0$ 的约束最优解。取 $r^{(0)}=4$，$\beta=0.3$。

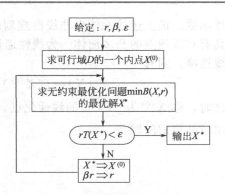

解 用障碍函数法求解该问题时，首先构造障碍函数 $\phi(X,r^{(k)})=x_1^2+x_2^2-r^{(k)}\ln\dfrac{1}{x_1-1}$

图 6-9 障碍函数法的计算框图

用解析法求函数的极小值，运用极值条件

内点法

$$\begin{cases}\dfrac{\partial\phi}{\partial x_1}=2x_1-\dfrac{r^{(k)}}{x_1-1}=0\\[2mm]\dfrac{\partial\phi}{\partial x_2}=2x_2=0\end{cases}$$

联立求解得
$$\begin{cases}x_1(r^{(k)})=\dfrac{1\pm\sqrt{1+2r^{(k)}}}{2}\\[2mm]x_2(r^{(k)})=0\end{cases}$$

当 $x_1(r^{(k)})=\dfrac{1-\sqrt{1+2r^{(k)}}}{2}$ 时不满足约束条件，应舍去。

无约束极值点为
$$\begin{cases}x_1^*(r^{(k)})=\dfrac{1+\sqrt{1+2r^{(k)}}}{2}\\[2mm]x_2^*(r^{(k)})=0\end{cases}$$

当 $r^{(0)}=4$，$X^*(r^{(0)})=[2\ \ 0]^T$，$f(X^*(r^{(0)}))=4$

$r^{(1)}=1.2$，$X^*(r^{(1)})=[1.422\ \ 0]^T$，$f(X^*(r^{(1)}))=2.022$

$r^{(2)}=0.36$，$X^*(r^{(2)})=[1.156\ \ 0]^T$，$f(X^*(r^{(2)}))=1.336$

$r^{(\infty)}=0$，$X^*(r^{(\infty)})=[1\ \ 0]^T$，$f(X^*(r^{(\infty)}))=1$

6.3.2 转化为线性规划问题的求解方法

解决非线性数学问题的一个普遍而基本的途径，就是用线性问题逼近它。这同样适合于最优化问题。特别地，对于线性规划，我们已经有了单纯形这样比较有效的方法，所以，用线性规划逼近非线性规划的方法是一个经典的方法。

6.3.2.1 线性约束条件下的逼近法（Frank-Wolfe 法）

对于线性约束的非线性规划问题

$$\begin{cases}\min\limits_{X\in D} f(X)\\ s.t.\quad AX\leqslant b\\ \quad\quad EX=e\end{cases}\tag{6-27}$$

式中，A 为 $m\times n$ 矩阵；E 为 $l\times n$ 矩阵；b 为 m 维列向量（m 为不等式约束数）；e 为 l 维列向量（l 为等式约束数），且 $l<n$，E 的秩为 l；$f(X)$ 为具有一阶连续偏导数的实非线

性函数。设上述线性约束非线性规划问题的可行域为 D，则由线性规划理论可知，D 为一具有有限顶点的凸多面体。为线性逼近，在 D 中某可行点 $X^{(0)}$ 处将 $f(X)$ 作 Taylor 展开到线性项，则有

$$f_l(X) = f(X^{(0)}) + [\nabla f(X^{(0)})]^T[X - X^{(0)}] \approx f(X)$$

这时，称 $X^{(0)}$ 为 $f(X)$ 的线性化点，$f_l(X)$ 为 $f(X)$ 在点 $X^{(0)}$ 附近的线性近似函数，并用线性规划问题

$$\begin{cases} \min_{X \in D} f_l(X) \\ s.t. \quad \boldsymbol{A}X \leqslant b \\ \qquad \boldsymbol{E}X = e \end{cases} \tag{6-28}$$

的最优解作为式（6-27）的近似最优解。显然，式（6-28）所示问题又等价于求解线性规划问题

$$\begin{cases} \min_{X \in D} [\nabla f(X^{(0)})]^T X \\ s.t. \quad \boldsymbol{A}X \leqslant b \\ \qquad \boldsymbol{E}X = e \end{cases} \tag{6-29}$$

如果可行域 D 是有界的，则式（6-29）所示问题有最优解，设其最优解为 $Y^{(0)}$，这时有两种可能情况：

① 若 $[\nabla f(X^{(0)})]^T[Y^{(0)} - X^{(0)}] = 0$，则 $X^{(0)}$ 也是式（6-27）所示问题的最优解，停止迭代；

② 若 $[\nabla f(X^{(0)})]^T[Y^{(0)} - X^{(0)}] \neq 0$，则必有

$$[\nabla f(X^{(0)})]^T[Y^{(0)} - X^{(0)}] < 0$$

这说明 $Y^{(0)} - X^{(0)}$ 是 $f(X)$ 在 $X^{(0)}$ 处的下降方向。因此可由 $X^{(0)}$ 点出发，沿此方向作一维探索。求单变量的极值问题

$$\min_{0 \leqslant \alpha \leqslant 1} f[X^{(0)} + \alpha(Y^{(0)} - X^{(0)})] = f[X^{(0)} + \alpha_0(Y^{(0)} - X^{(0)})]$$

的最优解 α_0，这时必有 $0 \leqslant \alpha_0 \leqslant 1$。令 $X^{(1)} = X^{(0)} + \alpha_0(Y^{(0)} - X^{(0)})$，显然，$X^{(1)}$ 是目标函数 $f(X)$ 在 $X^{(0)}$ 与 $Y^{(0)}$ 联线上的极小点，并有 $X^{(1)} \in D$。

在得到了 $X^{(1)}$ 点之后，继续用上述方法在 $X^{(1)}$ 处线性逼近目标函数 $f(X)$，重复以上步骤，直到某个 $X^{(k)}$ 满足终止准则为止。

线性约束条件下的线性逼近法（Frank-Wolfe 法）的迭代步骤：

① 给定初始点 $X^{(0)} \in D$，精度 $\varepsilon > 0$，$k = 0$；

② 计算 $\nabla f(X^{(k)})$，若 $\|\nabla f(X^{(k)})\| < \varepsilon$，则 $X^* = X^{(k)}$ 并终止迭代；否则转向下一步；

③ 求线性规划问题

$$\min_{X \in D} [\nabla f(X^{(k)})]^T X$$

得最优解 $Y^{(k)}$；

④ 若 $\|[\nabla f(X^{(k)})]^T[Y^{(k)} - X^{(k)}]\| \leqslant \varepsilon$，则 $X^* = X^{(k)}$ 并停止计算；否则转向下一步；

⑤ 由 $X^{(k)}$ 点出发沿 $(Y^{(k)} - X^{(k)})$ 方向作一维搜索；

$$\min_{0 \leqslant \alpha \leqslant 1} f[X^{(k)} + \alpha(Y^{(k)} - X^{(k)})] = f[X^{(k)} + \alpha_k(Y^{(k)} - X^{(k)})]$$

求得最优步长 α_k；

⑥ 令 $X^{(k+1)}=X^{(k)}+\alpha_k(Y^{(k)}-X^{(k)})$，$k=k+1$，转向②。

图 6-10 为 Frank-Wolfe 法的迭代程序框图。

【例 6-9】 用线性约束条件下的线性逼近法（Frank-Wolfe 法）求解约束最优化问题。

$$\begin{cases} \min f(x)=4x_1^2+(x_2-2)^2 \\ s.t. \quad -2\leqslant x_1\leqslant 2 \\ \quad\quad -1\leqslant x_2\leqslant 1 \end{cases}$$

初始点给定为 $X^{(0)}=[-2,-1]^{\mathrm{T}}$。

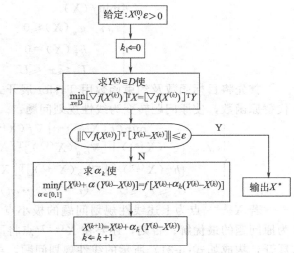

图 6-10　Frank-Wolfe 法的迭代程序框图

解 本例的可行域 D 为一矩形，初始点 $X^{(0)}=[-2,-1]^{\mathrm{T}}$ 为它的一个顶点。

$$\nabla f(X^{(0)})=[8x_1,2(x_2-2)]^{\mathrm{T}}_{X^{(0)}}=[-16,-6]^{\mathrm{T}}$$

求线性规划问题

$$\begin{cases} \min[\nabla f(X^{(0)})]^{\mathrm{T}}X=-16x_1-6x_2 \\ s.t. \quad -2\leqslant x_1\leqslant 2 \\ \quad\quad -1\leqslant x_2\leqslant 1 \end{cases}$$

求得最优解 $Y^{(0)}=[2,1]^{\mathrm{T}}$。进行一维搜索

$$\min_{0\leqslant\alpha\leqslant 1} f[X^{(0)}+\alpha(Y^{(0)}-X^{(0)})]$$

因

$$f[X^{(0)}+\alpha(Y^{(0)}-X^{(0)})]=4\{-2+\alpha[2-(-2)]\}^2$$
$$+\{-1+\alpha[1-(-1)]-2\}^2=4(-2+4\alpha)^2+(-3+2\alpha)^2=68\alpha^2-76\alpha+25$$

得最优步长 $\alpha_0=19/34$，于是得

$$X^{(1)}=X^{(0)}+\alpha(Y^{(0)}-X^{(0)})=\left[\frac{4}{17},\frac{2}{17}\right]^{\mathrm{T}}$$

计算　　　　　$\nabla f(X^{(1)})=[8x_1,2(x_2-2)]^{\mathrm{T}}_{X^{(1)}}=[1.88,-3.76]^{\mathrm{T}}$

再解线性规划

$$\begin{cases} \min[\nabla f(X^{(1)})]^{\mathrm{T}}X=1.88x_1-3.76x_2 \\ s.t. \quad -2\leqslant x_1\leqslant 2 \\ \quad\quad -1\leqslant x_2\leqslant 1 \end{cases}$$

得最优解 $Y^{(1)}=[-2,1]^{\mathrm{T}}$。如此继续迭代下去，可求得较精确的解，最后解得 $X^*=[0,1]^{\mathrm{T}}$，对应的 $f(X^*)=1$。

Frank-Wolfe 法是一种可行方向法，收敛速度较慢，在迭代中需进行一维搜索，往往要耗费较多机时。但在迭代中所有的线性规划都具有与原问题相同的可行域，如果这一系列的线性规划容易求解时，那么这一方法还是较好的。

6.3.2.2　非线性约束条件下的线性逼近法

对于非线性规划问题

$$\begin{cases} \min f(X) \\ s.t. \quad g_u(X) \leqslant 0 \quad\quad (u=1,2,\cdots,m) \\ \quad\quad h_v(X) = 0 \quad\quad (v=1,2,\cdots,p) \\ \quad\quad L_i \leqslant x_i \leqslant U_i \quad\quad (i=1,2,\cdots,n) \end{cases} \tag{6-30}$$

首先将目标函数及约束函数用 Taylor 展开式在 $X^{(k)}$ 点处作线性展开，用线性近似函数代替原函数，使原问题转变为线性规划问题：

$$\begin{cases} \min\{f(X^{(k)}) + [\nabla f(X^{(k)})]^T[X-X^{(k)}]\} \\ s.t. \quad \{g_u(X^{(k)}) + [\nabla g_u(X^{(k)})]^T[X-X^{(k)}]\} \leqslant 0 \quad\quad (u=1,2,\cdots,m) \\ \quad\quad \{h_v(X^{(k)}) + [\nabla h_v(X^{(k)})]^T[X-X^{(k)}]\} = 0 \quad\quad (v=1,2,\cdots,p) \\ \quad\quad L_i \leqslant x_i \leqslant U \quad\quad (i=1,2,\cdots,n) \end{cases} \tag{6-31}$$

若 $X^{(k+1)}$ 点为上述线性规划问题的极小点，且 $\|X^{(k+1)}-X^{(k)}\| \leqslant \varepsilon$，则 $X^{(k+1)}$ 就可作为原问题的最优解；否则，还要在 $X^{(k+1)}$ 点将原目标函数和约束函数用 Taylor 展开式线性展开，构成如式(6-31)所示的线性规划问题，再对它求解。

【例 6-10】 用线性逼近法求解约束极值问题

$$\max_{X \in D} f(X) = 2x_1 + x_2$$

$$D: \begin{cases} g_1(X) = x_1^2 - 6x_1 + x_2 \leqslant 0 \\ g_2(X) = x_1^2 + x_2^2 - 80 \leqslant 0 \\ x_1 \geqslant 3, x_2 \geqslant 0 \end{cases}$$

解 为了将目标函数及约束条件线性化，首先计算梯度向量

$$[\nabla f(X)]^T = \left[\frac{\partial f}{\partial x_1}, \frac{\partial f}{\partial x_2}\right] = [2,1]$$

$$[\nabla g_1(X)]^T = \left[\frac{\partial g_1}{\partial x_1}, \frac{\partial g_1}{\partial x_2}\right] = [2x_1-6,1]$$

$$[\nabla g_2(X)]^T = \left[\frac{\partial g_2}{\partial x_1}, \frac{\partial g_2}{\partial x_2}\right] = [2x_1, 2x_2]$$

将 $f(X)$、$g_1(X)$、$g_2(X)$ 在点 $X^{(0)}$ 线性化，得到

$$f_1(X) = f(X^{(0)}) + [\nabla f(X^{(0)})]^T(X-X^{(0)})$$

$$g_i(X) = g_i(X^{(0)}) + [\nabla g_i(X^{(0)})]^T(X-X^{(0)}) \quad\quad (i=1,2)$$

设取 $X^{(0)} = [5,8]^T$，计算得

$$f(X^{(0)}) = 18, \quad [\nabla f(X^{(0)})]^T = [2,1]$$

$$g_1(X^{(0)}) = 3, \quad [\nabla g_1(X^{(0)})]^T = [4,1]$$

$$g_2(X^{(0)}) = 9, \quad [\nabla g_2(X^{(0)})]^T = [10,16]$$

因而有

$$g_1(X) \approx g_{l1}(X) = g_1(X^{(0)}) + [\nabla g_1(X^{(0)})]^T(X-X^{(0)}) = 3 + [4,1]\begin{bmatrix} x_1-5 \\ x_2-8 \end{bmatrix} = 4x_1 + x_2 - 25$$

$$g_2(X) \approx g_{l2}(X) = g_2(X^{(0)}) + [\nabla g_2(X^{(0)})]^T(X-X^{(0)}) = 9 + [10,16]\begin{bmatrix} x_1-5 \\ x_2-8 \end{bmatrix} = 10x_1 + 16x_2 - 169$$

于是得到线性规划问题

$$\max_{X \in D} f(X) = 2x_1 + x_2$$

$$D : \begin{cases} g_1(X) = 4x_1 + x_2 - 25 \leqslant 0 \\ g_2(X) = 10x_1 + 16x_2 - 169 \leqslant 0 \\ x_1 \geqslant 3, x_2 \geqslant 0 \end{cases}$$

利用线性规划的单纯形法，解得 $X^{(1)} = [4.278, 7.888]^T$，$f(X^{(1)}) = 16.44$。

重复上述过程，将原问题在点 $X^{(1)}$ 线性化，便又得到线性规划问题

$$\max_{X \in D} f(X) = 2x_1 + x_2$$

$$D : \begin{cases} g_1(X) = 2.566x_1 + x_2 - 18.267 \leqslant 0 \\ g_2(X) = 8.556x_1 + 15.776x_2 - 160.278 \leqslant 0 \\ x_1 \geqslant 3, x_2 \geqslant 0 \end{cases}$$

用单纯形法解得 $X^{(2)} = [4.03, 7.97]^T$，$f(X^{(2)}) = 16.03$。

重复上述过程，迭代收敛的最优解 $X^* = [4, 8]^T$，$\max f(X) = 16$。

6.4　现代智能优化方法

在过程系统的综合和集成中，经常出现一些求解十分困难的优化问题。这类问题通常含有离散变量和多个局部最优点，并常常是不可微的。传统的优化算法无法有效地求解这类问题。因此，研究出求解这类优化问题的全局优化搜索算法是过程综合和集成迫切需要解决的问题。

近 30 年来，人们提出了多个模拟自然法则的搜索算法，这类算法对困难优化问题的求解，虽不能保证得到全局最优解，但能够以很大的概率搜索到全局最优解。由于这类算法对优化模型的性态没有特殊要求，现已在许多领域得到成功应用。本章简要介绍遗传算法、粒子群算法和列队竞争算法三种智能算法。

6.4.1　遗传算法[5~7]

遗传算法（genetic algorithm）是由美国密歇根大学的 J. Holland 教授于 1975 年提出的一类模拟达尔文生物进化论和遗传学机理的随机搜索方法。该算法在求解过程中始终维持一个潜在解的群体，通过选择、交叉和变异三个算子的作用，高效地搜索空间中尚未检测的部分，以较大的概率找到全局最优解。遗传算法直接对求解的目标函数进行操作，不需要求导，对函数连续性也无特殊要求；算法采用概率化的寻优方法，能自动获取和指导优化的搜索空间，能自适应地调整搜索方向，不需要确定的规则。遗传算法已被广泛应用于组合优化、机器学习、信号处理和自适应控制等领域，是现代有关智能计算中的关键技术。遗传算法的基本运算过程如下：

① 初始化　设置进化代数计数器 $t = 0$，设置最大进化代数 T，随机生成 M 个个体作为初始群体 $P(0)$。

② 个体评价　计算群体 $P(t)$ 中每个个体的适应度。

③ 选择运算　将选择算子作用于群体。选择的目的是把优化的个体直接遗传到下一代或通过配对交叉产生新的个体再遗传到下一代。选择操作是建立在群体中个体的适应度评估基础上的，通常可将个体的目标函数值作为其适应度的评价值。

④ 交叉运算　将交叉算子作用于群体。遗传算法中起核心作用的就是交叉算子。

⑤ 变异运算　将变异算子作用于群体。即是对群体中的个体串的某些基因位上的基因

值作变动。群体 $P(t)$ 经过选择、交叉、变异运算之后得到下一代群体 $P(t+1)$。

⑥ 终止条件判断　若 $t=T$，则以进化过程中所得到的具有最大适应度的个体作为最优解输出，终止计算。

在遗传算法中，通过编码组成初始群体后，遗传操作的任务就是对群体的个体按照它们的适应度施加一定的操作，从而实现优胜劣汰的进化过程。从优化搜索的角度而言，遗传操作可使问题的解一代又一代地优化，并逼近最优解。遗传算法的主要操作包括选择（selection）、交叉（crossover）、变异（mutation）三个算子，其主要描述如下。

（1）选择

选择算子是指从群体中选择优胜的个体，淘汰劣质个体。常用的选择算子包括：适应度比例方法、随机遍历抽样法、局部选择法等，其中适应度比例方法是最简单也是最常用的选择方法。在该方法中，各个个体的选择概率和其适应度值成比例。设群体规模为 M，其中个体 i 的适应度为 f_i，则 i 被选择的概率 $\gamma_i = f_i / \sum_{j=1}^{M} f_j$。

显然，概率反映了个体 i 的适应度在整个群体的个体适应度总和中所占的比例。个体适应度越大，其被选择的概率就越高，反之亦然。计算出群体中各个个体的选择概率后，为了选择交配个体，需要进行多轮选择。每一轮产生一个 $0\sim1$ 之间的均匀随机数，将该随机数作为选择指针来确定被选个体。个体被选后，可随机地配对，以供后面的交叉操作。

（2）交叉

所谓交叉是指把两个父代个体的部分结构加以替换重组而生成新个体的操作。根据交叉率，随机交换种群中的两个个体的某些基因，以产生新的基因组合，期望将有益基因组合在一起。根据编码表示方法的不同，交叉操作分为实值重组（real valued recombination）和二进制交叉（binary valued crossover）两大类。最常用的交叉算子为单点交叉（one-point crossover），它属于二进制交叉的一种，实行交叉时，在个体二进制串中随机设定一个交叉点，该点前或后的两个个体的部分结构进行互换，并生成两个新个

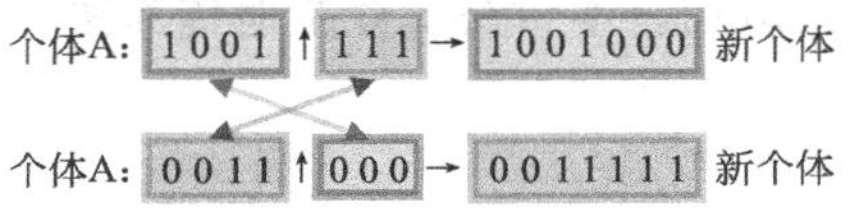

图 6-11　单点交叉示意图

体，交叉过程如图 6-11 所示。

（3）变异

变异是对群体中的个体串的某些基因位上的基因值作突变。依据个体编码表示方法的不同，变异操作可以分为实值变异和二进制变异两种。一般来说，变异操作需先对群体中所有个体用事先设定的变异概率判断是否进行变异，然后再对进行变异的个体随机选择变异位进行变异。如图 6-12 所示，对个体二进

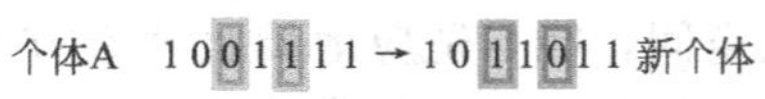

图 6-12　二进制变异示意图

制码串进行变异操作，先随机确定第 3 位、第 5 位为变异位，然后将变异位上的基因值进行反转得到新的个体。

遗传算法中，交叉算子因其全局搜索能力而作为主要算子，变异算子因其局部搜索能力而作为辅助算子。遗传算法通过交叉和变异这对相互配合又相互竞争的操作而具备兼顾全局和局部的均衡搜索能力。所谓相互配合是指当群体在进化中陷于搜索空间中某个超平面而仅靠交叉不能摆脱时，通过变异操作协助这种摆脱。所谓相互竞争是指当通过交叉已形成所期望的积木块时，变异操作有可能破坏这些积木块。如何有效地配合使用交叉和变异操作，是目前遗传算法的一个重要研究内容。

6.4.2 粒子群算法[8]

粒子群算法（particle swarm optimization，PSO），又称微粒群算法，是由 J. Kennedy 和 R. C. Eberhart 等在 1995 年开发的一种模拟鸟群捕食行为的智能优化算法。自然界中鸟群通过自身经验和群体之间的交流调整自己的搜寻路径，从而找到食物最多的地点。粒子群算法通过设计一种无质量的粒子来模拟鸟群中的鸟，粒子仅具有两个属性：速度和位置，速度代表移动的快慢，位置代表移动的方向。每个粒子在搜索空间中单独搜寻最优解，并将其记为当前个体极值，将个体极值与整个粒子群里的其他粒子共享，找到最优的个体极值作为整个粒子群的当前全局最优解，粒子群中的所有粒子根据自己找到的当前个体极值和整个粒子群共享的当前全局最优解来调整自己的速度和位置。粒子群优化算法的基本思想就是通过上述群体中个体之间的协作和信息共享来寻找最优解。

虽然粒子群优化算法是基于群体的，但它不是仅对个体使用演化算子，而是将每个个体看作 D 维搜索空间中的一个没有体积的微粒（点），在搜索空间中以一定的速度飞行，这个速度根据它本身的飞行经验和同伴的飞行经验来动态调整。假设第 i 个微粒表示为 $X_i = (x_{i1}, x_{i2}, \cdots, x_{iD})$，它经历过的最好位置（有最好的适应值）记为 $P_i = (p_{i1}, p_{i2}, \cdots, p_{iD})$，也称为 pbest。群体中所有微粒经历过的最好位置的索引号用符号 g 表示，即 P_g，也称为 gbest。微粒 i 的速度用 $V_i = (v_{i1}, v_{i2}, \cdots, v_{iD})$ 表示。对每一代，它的第 d 维（$1 \leqslant d \leqslant D$）根据如下公式进行变化

$$v_{id}^{k+1} = wv_{id}^k + c_1 rand() * (p_{id} - x_{id}^k) + c_2 Rand() * (p_{gd} - x_{id}^k) \tag{6-32}$$

$$x_{id}^{k+1} = x_{id}^k + v_{id}^{k+1} \tag{6-33}$$

式中，w 为惯性权重（inertia weight）；c_1 和 c_2 为加速常数；$rand()$ 和 $Rand()$ 为两个在 $[0,1]$ 范围里变化的随机值。

此外，微粒的速度 v_{id} 被一个最大速度 $v_{max,d}$ 所限制。如果当前对微粒的加速导致它在某维的速度 v_{id} 超过该维的最大速度 $v_{max,d}$，则该维的速度被限制为该维最大速度 $v_{max,d}$。

式(6-32)由三部分组成，第一部分称为"记忆项"，表示新搜索速度受上次速度大小和方向的影响；第二部分称为"自身认知项"，是从当前点指向粒子自身最好点的一个矢量，表示粒子的动作来源于自己经验的部分；第三部分称为"群体认知项"，是一个从当前点指向种群最好点的矢量，反映了粒子间的协同合作和知识共享。粒子就是通过自己的经验和同伴中最好的经验来决定下一步的运动。以上面两个公式为基础，形成了粒子群优化算法的标准形式，相应的算法流程如下：

① 初始化一群微粒（群体规模为 m），包括随机的位置和速度；

② 评价每个微粒的适应度；

③ 对每个微粒，将它的适应值和它经历过的最好位置 pbest 做比较，如果较好，则将其作为当前的最好位置 pbest；

④ 对每个微粒，将它的适应值和全局所经历最好位置 gbest 做比较，如果较好，则重新设置 gbest 的索引号；

⑤ 根据式(6-32)变化微粒的速度和位置；

⑥ 如达到结束条件（通常为足够好的适应值或达到一个预设最大代数 G_{max}），输出当前 gbest 中的最优值作为优化计算结果，否则回到②。

上述算法中，参数 w、c_1、c_2 的选择分别关系粒子速度的 3 个部分：惯性部分、自身部分和社会部分在搜索中的作用。合理选择、优化和调整参数，使得算法既能避免早熟又能比较快的收敛，对工程实践有着重要意义，参数选择基本原则如下。

① 惯性权重 w 描述粒子上一代速度对当前代速度的影响。w 值较大，全局寻优能力强，局部寻优能力弱；反之，则局部寻优能力强。当问题空间较大时，为了在搜索速度和搜索精度之间达到平衡，通常的做法是使算法在前期有较高的全局搜索能力以得到合适的种子，而在后期有较高的局部搜索能力以提高收敛精度。所以 w 不宜为一个固定的常数，其计算如下

$$w = W_{max} - (W_{max} - W_{min}) * \frac{run}{run_{max}} \tag{6-34}$$

式中，W_{max} 为最大惯性权重；W_{min} 为最小惯性权重；run 为当前迭代次数；run_{max} 为算法迭代总次数。随着迭代次数的增加，惯性权重 w 应不断减小，从而使得粒子群算法在初期具有较强的全局收敛能力，而后期具有较强的局部收敛能力。

② 学习因子 $c_2 = 0$ 称为自我认识型粒子群算法，即"只有自我，没有社会"，完全没有信息的社会共享，导致算法收敛速度缓慢。学习因子 $c_1 = 0$ 称为无私型粒子群算法，即"只有社会，没有自我"，会迅速丧失群体多样性，容易陷入局部最优解而无法跳出。c_1、c_2 都不为 0，称为完全型粒子群算法，完全型粒子群算法更容易保持收敛速度和搜索效果的均衡，是较好的选择。

③ 群体大小 m 是一个整数，m 很小时陷入局部最优解的可能性很大，m 很大时算法的优化能力很好，但是当群体数目增长至一定水平时，再增长将不再有显著作用，而且数目越大计算量也越大。群体规模 m 一般取 $20 \sim 40$，对较难或特定类别的问题可以取到 $100 \sim 200$。

④ 粒子群的最大速度 V_{max} 对维护算法的探索能力与开发能力的平衡很重要，V_{max} 较大时，探索能力强，但粒子容易飞过最优解；V_{max} 较小时，开发能力强，但是容易陷入局部最优解。V_{max} 一般设为每维变量变化范围的 $10\% \sim 20\%$。

6.4.3　列队竞争算法[9~11]

列队竞争算法是作者提出的一种并行搜索、多层竞争的全局优化搜索算法。它与进化算法的基本机制相似，也有繁殖、变异、竞争和选择等操作算子。主要的区别在于列队竞争算法在进化过程中始终保持着独立并行进化的家族，家族通过无性繁殖产生后代，此外，在竞争机制上与进化算法完全不同。在列队竞争算法中有两个竞争水平，一个是纵向竞争，是指同一家族内繁殖的子代为生存进行的竞争，只有一个最优秀个体能够生存；另一个是横向竞争，指不同家族之间的地位竞争，根据各个家族目标函数值的大小排列成一个列队，最优秀的家族排在列队的首位，最差的排在末位。列队竞争算法的基本思想是：通过上述两个水平的竞争，使列队中的首位家族不断地被其他家族取代或其值被更新，以此快速地向最优点逼近。为使各个家族有同等的机会达到列队的首位，提出了竞争推动力的概念，其定义为：某时刻某家族在列队中的地位与首位家族的地位之差。差值越大，竞争推动力越大。竞争推动力可理解为促使个体变异的动力，是改变自身状况具有赶上或超过它前面家族的一种潜在力量，对于不同的优化问题，具有不同的表达形式，对于连续变量的优化问题，竞争推动力为搜索子空间大小，而对组合优化问题，它可表达为变异次数或在搜索空间中移动的距离。下面给出连续变量全局最优的算法步骤。

① 在搜索空间按均匀分散产生 m 个个体，组成初始种群，并计算各个个体的目标函数值。

② 按目标函数的大小，对 m 个个体排序（求全局最小值时，采用升序；求全局最大值时，采用降序）。

③ 根据各个个体在列队中的位置，按一定比例确定其相对应的搜索空间，处于第 1 位的搜索空间最小，处于最末位的搜索空间最大。

④ 每个个体在各自的搜索空间内进行无性繁殖，产生 n 个尽可能均匀分散的子代个体，n 个子代个体与父代一起进行生存竞争，将其中最优秀的一个个体保留下来，代表它所属的家族，参加下次列队地位的竞争。

⑤ 搜索空间收缩，然后，转到第②步。终止条件：搜索空间收缩到精度要求为止。

列队竞争算法具有如下特性。

① 通过按优劣对各个家族排序，并依列队顺序按一定比例确定搜索子空间，使得在列队中越优秀的个体分配的搜索子空间越小，这有利于加速局部搜索速度；而列队中越差的个体分配的搜索子空间越大，这有利于进行全局搜索。该操作过程有两个作用：一是使各个家族各尽所能发挥最大优势，二是起到局部搜索与全局搜索均衡的作用。

② 在搜索过程中，即便所有的个体聚集在某一局部最优点的附近，也不容易陷入局部最优点（除非收缩太快）。这是因为竞争推动力是一个相对量，只要个体间存在目标函数值的差异，彼此之间就存在着相当大的竞争推动力而具有完全不同的搜索空间。处在列队后面的个体由于有较大的搜索空间，足以使它跳出局部最优点，一旦它跳出局部最优点，找到更优的点而位于列队的前面时，原先在列队前面的个体就会排到列队后面因而获得较大的竞争推动力使搜索空间增大，从而跳出此局部最优点。这一特性体现了竞争与合作的对立统一关系。

③ 由于上述特性，形成了各个家族你追我赶，地位交替上升，竞相争夺列队前位的态势，只要推动力不为零，竞争将一直进行下去。竞争的结果是使列队中的首位个体不断地被其他家族个体所取代或其值被更新，快速地向最优点逼近。

④ 在搜索过程中，由于引入了搜索空间逐步收缩技术，加快了收敛的速度。

⑤ 列队竞争算法控制参数少，编程计算容易。

列队竞争算法主要有均匀性繁殖、排列、按比例分配搜索空间和收缩控制四个操作过程，下面给出数学描述。

6.4.3.1 繁殖

均匀性无性繁殖相当于在以某点为中心所确定的搜索空间内产生均匀分散的点，这些分散的点被认为是这个空间内中心点的后代。在特定的区域内产生均匀分散点有确定型和随机型两种方法。

① 确定型均匀分布。采用数论方法产生均匀分散点。给定 n 个点和生成向量 $h=[h_1,h_2,\cdots,h_s]$，其中，h_j 满足 $1\leqslant h_j<n$，且 n 和 h_j 的最大公约数为1，好的分散点由下式生成

$$u_{i,j}=ih_j[\text{MOD}n] \qquad (j=1,2,\cdots,s) \qquad (6\text{-}35)$$

式中，MOD 为除法求余，上式用递推公式表示为

$$u_{i,j}=h_j$$
$$u_{i+1,j}=\begin{cases} u_{i,j}+h_j & u_{i,j}+h_j\leqslant n \\ u_{i,j}+h_j-n & u_{i,j}+h_j>n \end{cases} \qquad (i=1,2,\cdots,n-1) \qquad (6\text{-}36)$$

如令 $D=[A,B]$ 为 s 维欧式空间 R^s 中的一个矩形子空间，$\Delta=B-A$ 为矩形边长向量，其中，$B=[b_1,b_2,\cdots,b_s]$ 为变量的上界向量，$A=[a_1,a_2,\cdots,a_s]$ 为变量的下界向量，子空间 D 中 n 个均匀分散的点由下式产生

$$x_{i,j}=a_j+(u_{i,j}-1)\Delta_j/(n-1) \qquad (i=1,2,\cdots,n;j=1,2,\cdots,s) \qquad (6\text{-}37)$$

或

$$X=(x_{i,j})_{n\times s}$$

② 随机型均匀分布。随机型均匀分布点直接由下式计算得到

$$x_{i,j} = a_j + \Delta_j \times r_i \qquad (i=1,2,\cdots,n;\ j=1,2,\cdots,s) \qquad (6\text{-}38)$$

式中，r_i 是区间（0,1）上均匀分布的随机变量。

随机型分布方式产生的分散点一般没有确定型分布方式的均匀，但随机型分布方式产生的点数可以任意取，而确定型分布方式选取的点数必须大于变量数。

6.4.3.2　排列

若用 $Y(K)=\{y_1,y_2,\cdots,y_m\}$ 表示在第 K 代时 m 个家族的目标函数的集合，$X(K)=\{x_1,x_2,\cdots,x_m\}$ 是与 $Y(K)$ 相对应的 m 个家族在空间中的坐标点集合，而用 $V(K)=\{v_1,v_2,\cdots,v_m\}$ 和 $W(K)=\{w_1,w_2,\cdots,w_m\}$ 分别表示对 $Y(K)$ 和 $X(K)$ 的排序。排序所要解决的问题是按照各个家族的目标函数值从小到大（对求最小值问题）或从大到小（对求最大值问题）对 $Y(K)$ 和 $X(K)$ 进行排序得到 $V(K)$ 和 $W(K)$，由于排序的计算方法在许多相关书中有详细的介绍，在此省略。

6.4.3.3　搜索空间的分配

设 $D(K)$ 为第 K 代时分配给列队中最后位置的家族的搜索空间（当 $K=1$ 时，$D(K)=[B,A]$），各个家族根据在列队中的位置分配搜索空间，搜索空间的分配方案如下：

列队名次	1	2	$\cdots$	k	$\cdots$	m
各家族的空间位置	w_1	w_2	$\cdots$	w_k	$\cdots$	w_m
搜索空间大小	$D(K)/m$	$2D(K)/m$	$\cdots$	$kD(K)/m$	$\cdots$	$mD(K)/m$

第 k 个个体的搜索空间是以点 w_k 为中心，以 $k\Delta(K)/m$ 为边长向量的一个矩形区域，此区域中第 j 个变量的下界 $L_{k,j}$ 和上界 $U_{k,j}$ 的计算公式为

$$L_{k,j} = \max(x_{k,j} - \Delta_j k/2m, a_j) \qquad (j=1,2,\cdots,s;\ k=1,2,\cdots,m) \qquad (6\text{-}39)$$
$$U_{k,j} = \min(x_{k,j} + \Delta_j k/2m, b_j) \qquad\qquad\qquad\qquad\qquad (6\text{-}40)$$

6.4.3.4　收缩

从第 K 代到 $K+1$ 代的搜索空间的收缩是通过收缩矩形边长来实现的，即

$$\Delta(K+1) = \beta\Delta(K) \qquad (6\text{-}41)$$

式中，β 称为收缩比，其值在 $0<\beta<1$ 之间。β 对解的质量和计算时间有重要的影响，β 增加，解的质量提高，但计算时间增加。反之亦然。

【例 6-11】　用列队竞争算法求下列函数的全局最优解。

$$f(X)=(4-2.1x_1^2+x_1^4/3)x_1^2+x_1x_2+(-4+4x_2^2)x_2^2$$

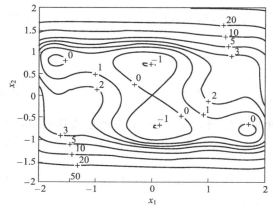

图 6-13　函数的等值线分布

上述函数称为驼峰函数。它有六个局部极小点，其中（$-0.0898,0.7126$）和（$0.0898,-0.7126$）是两个全局最小值点，最小值为 -1.031628，（$1.7036,-0.7961$）和（$-1.7036,0.7961$）是两个次最小值点，其值为 -0.2155，自变量范围 $-2\leqslant x_1\leqslant 2$，$-2\leqslant x_2\leqslant 2$。图 6-13 给出了此函数的等值线分布。

解　在进行搜索之前给定：有 5 个家族，每个家族每代繁殖后代 5 个，采用确定型的分布方式，分散点由生成向量 $h=[1,3]$ 所确定的分布模式确定，搜索空间的收缩比为 0.5。

① 按照给定的分布模式在搜索区域产生 5 个分散点，它们代表 5 个家族，如图 6-14(a) 中的 5 个黑点所示，这 5 个点分散在搜索区域的不同地点，具有不同的目标函数值，其值为：$Y(1)=\{y_1,y_2,y_3,y_4,y_5\}=\{3.7333,52.2333,0,1.2333,55.7333\}$；

② 按照目标函数值从小到大对 5 个家族进行排列，得到 $V(1)=\{y_3,y_4,y_1,y_2,y_5\}$，根据排列顺序分配各个家族的搜索区域，由式(6-39) 和式(6-40) 计算得：

家族 3 分配的搜索区域为：$-0.4\leqslant x_1\leqslant 0.4,\ 0.6\leqslant x_2\leqslant 1.4$

家族 4 分配的搜索区域为：$0.2\leqslant x_1\leqslant 1.8,\ -1.8\leqslant x_2\leqslant -0.2$

家族 1 分配的搜索区域为：$-2.0\leqslant x_1\leqslant -0.8,\ -1.2\leqslant x_2\leqslant 1.2$

家族 2 分配的搜索区域为：$-2.0\leqslant x_1\leqslant 0.6,\ -2.0\leqslant x_2\leqslant -0.4$

家族 5 分配的搜索区域为：$0\leqslant x_1\leqslant 2.0,\ 0\leqslant x_2\leqslant 2.0$

它们是以各个家族为中心而产生的具有不同大小的矩形区域，如图 6-14(a) 所示，图中代表家族 1、家族 2 和家族 5 的 3 个点由于在区域的边界，有一半区域在可行域的外边，故没有画出。

③ 每一个家族在分配的搜索区域内进行无性繁殖，每个繁殖出后代 5 个，5 个后代在区域中的分布方式与第 1 步的分布方式完全一样，并计算它们的目标函数值，5 个后代与父代一起进行生存竞争，其中仅目标函数最小者能够存活，它作为这个家族的继承者。通过这种生存竞争得到第 2 代 5 个家族的继承者，它们用图 6-14(b) 中的黑点表示。通过这步操作得到第 2 代各个家族的目标函数值：$Y(2)=\{y_1,y_2,y_3,y_4,y_5\}=\{0.5209,0.4058,-0.8849,-0.0433,0\}$；

④ 进行区域收缩，由公式(6-41) 计算得

$$\Delta(2)=0.5\Delta(1)=0.5[4,4]=[2,2]$$

⑤ 根据第 3 步计算得到的目标函数值从小到大对 5 个家族进行排列，得到 $V(2)=\{y_3,y_4,y_5,y_2,y_1\}$，根据排列顺序分配各个家族的搜索区域，由式(6-39) 和式(6-40) 计算得：

家族 3 分配的搜索区域为：$-0.4\leqslant x_1\leqslant 0,\ 0.4\leqslant x_2\leqslant 0.8$

家族 4 分配的搜索区域为：$-0.2\leqslant x_1\leqslant 0.6,\ -1.4\leqslant x_2\leqslant -0.6$

家族 5 分配的搜索区域为：$-0.6\leqslant x_1\leqslant 0.6,\ 0.4\leqslant x_2\leqslant 1.6$

家族 2 分配的搜索区域为：$-0.2\leqslant x_1\leqslant 1.4,\ -1.2\leqslant x_2\leqslant 0.4$

家族 1 分配的搜索区域为：$-2.0\leqslant x_1\leqslant -0.4,\ -0.4\leqslant x_2\leqslant 1.6$

图 6-14(b) 中的 5 个大小不同的矩形为第 2 代 5 个家族的搜索区域。

重复第③～⑤步过程得到下列结果：

$Y(3)=\{y_1,y_2,y_3,y_4,y_5\}=\{0.5209,-0.3009,-0.9827,-0.9249,-0.4464,\}\rightarrow$
$V(3)=\{y_3,y_4,y_5,y_2,y_1\}$

$Y(4)=\{y_1,y_2,y_3,y_4,y_5\}=\{0.2905,-0.9216,-0.9845,-0.9829,-0.9996\}\rightarrow$
$V(4)=\{y_5,y_3,y_4,y_2,y_1\}$

$Y(5)=\{y_1,y_2,y_3,y_4,y_5\}=\{-0.1533,-1.0298,-1.0157,-1.0246,-1.0246\}\rightarrow$
$V(5)=\{y_2,y_4,y_5,y_3,y_1\}$

$Y(6)=\{y_1,y_2,y_3,y_4,y_5\}=\{-0.1619,-1.0303,-1.0157,-1.0298,-1.0298\}\rightarrow$
$V(6)=\{y_2,y_4,y_5,y_3,y_1\}$

图 6-14(c) ～(e) 分别显示了 5 个家族在第 3、第 4 和第 5 代的演化结果，图 6-15(a) 是 5 个家族在演化代数中的目标函数值变化。

从最后的搜索结果可知，2 和 4 两个家族搜索到了一个最小值点，3 和 5 两个家族搜索

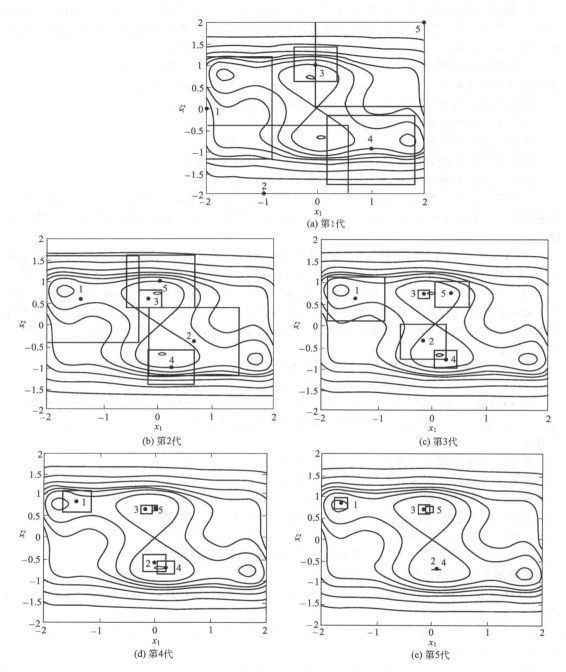

图 6-14　5 个家族的演化过程

到了另外一个最小值点，而家族 1 搜索到了一个次最小点。之所以家族 1 没有搜索到最小点，是因为给定的收缩比较小，搜索空间收缩过快，使家族 1 的搜索空间受到限制，无法跳出局部最小值点。如果将收缩比增加到 0.8，看情况会产生怎样的变化。图 6-15（b）显示了收缩比为 0.8 时的搜索过程，正如所期望的那样，家族 1 跳出了局部最小值点，搜索到了全局最小值点。

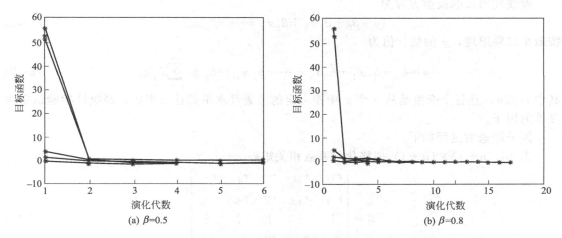

图 6-15 5 个家族的目标函数变化

从上述不同的收缩比得到的不同搜索结果，可得出结论：列队竞争算法通过调节收缩比，不但可以搜索到全局最优点，同时还可以搜索到局部最优点。这一特性对于了解复杂搜索空间的构形是有帮助的，对某些实际问题的应用是非常有价值的。

6.5 过程系统的统计优化方法

工业生产的一般目的是，达到能耗低、原材料少、产率高、废品少、污染小、产品质量好和成本低。为达到这些目的，在生产流程已确定、生产设备已建成的前提下，主要手段应是使操作条件最优。

工业生产除了产出物质产品外，也积累了大量技术记录。这些记录一般包括原材料的成分和数量，生产过程的条件（如温度、压力、流量等），以及生产的实际效果（如产品质量、合格率、能耗等），这些记录在某种程度上反映了生产过程的规律性。如能从中有效地抽提信息，加强对生产过程的技术管理，应能优化和改进生产。

6.5.1 统计回归法[14]

统计回归法的基本思想是：首先，基于生产过程的数据，应用回归方法建立操作变量与目标函数的关系，然后，在操作变量可行范围内，利用最优化方法找到最优的操作点。

经典的回归分析法是最小二乘法，在最小二乘法的基础上，人们又提出了许多改进算法，其中应用最为广泛的是多元逐步回归法。

多元逐步回归的基本思想是将变量逐一引入回归方程。在引入新变量后用偏回归平方和检验其显著性，若显著才能将该变量加到方程中；方程加入了新变量后，要对原有的变量重新用偏回归平方和进行检验，若某个变量变得不显著时，要将它从方程中剔除。重复以上步骤，直到所有的老变量均不能剔除、新变量也不能加入时回归过程才结束。该算法综合了对各输入变量的贡献程度进行检测的过程，可以剔除输入信息中的不重要部分。

对有 n 个自变量 $x_j (j=1,2,\cdots,n)$ 的实验进行了 P 次测定，得到相对应的因变量 y 的数值，显然对每个测定点，得到一组数据，表示为

$$x_{k1},x_{k2},\cdots,x_{kj},\cdots,x_{kn},y_k \qquad (k=1,2,\cdots,P)$$

设线性回归的模型方程为

$$y = \beta_0 + \beta_1 x_1 + \beta_2 x_2 + \cdots + \beta_m x_m \tag{6-42}$$

按最小二乘原理，y 的估计值为

$$y = b_0 + b_1 x_1 + b_2 x_2 + \cdots + b_m x_m = b_0 + \sum_{i=1}^{m} b_i x_i \tag{6-43}$$

其中 $m \leqslant n$，且各个变量是从 n 个 x 中按一定的显著性水平筛选出来的，经统计检验认定为显著的因子。

因子筛选的过程如下。

① 作 $(n+1) \times (n+1)$ 规格化的系数相关矩阵

$$\boldsymbol{R} = \begin{bmatrix} r_{11} & r_{12} & \cdots & r_{1n} & r_{1y} \\ r_{21} & r_{22} & \cdots & r_{2n} & r_{2y} \\ \vdots & \vdots & \vdots & \vdots & \vdots \\ r_{n1} & r_{n2} & \cdots & r_{nn} & r_{ny} \\ r_{y1} & r_{y2} & \cdots & r_{yn} & r_{yy} \end{bmatrix} \tag{6-44}$$

其中

$$r_{ij} = \frac{L_{ij}}{L_i L_j} = \frac{\sum\limits_{k=1}^{p} (x_{ki} - \overline{x_i})(x_{kj} - \overline{x_j})}{\sqrt{\sum\limits_{k=1}^{p} (x_{ki} - \overline{x_i})^2} \sqrt{\sum\limits_{k=1}^{p} (x_{kj} - \overline{x_j})^2}} \tag{6-45}$$

$$L_{ij} = \sum_{k=1}^{p} (x_{ki} - \overline{x_i})(x_{kj} - \overline{x_j}) \tag{6-46}$$

$$L_i = \sqrt{\sum_{k=1}^{p} (x_{ki} - \overline{x_i})^2} \tag{6-47}$$

$$L_j = \sqrt{\sum_{k=1}^{p} (x_{kj} - \overline{x_j})^2} \tag{6-48}$$

$i, j = 1, 2, \cdots, n, n+1, (n+1)$ 对应于 y

② 计算偏回归平方和

$$v_i = \frac{r_{iy} r_{yi}}{r_{ii}} \qquad (i = 1, 2, \cdots, n) \tag{6-49}$$

③ 若 $v_i < 0$，则对应的 x_i 为被选进回归方程的因子；若 $v_i > 0$，则 x_i 为尚待选入的因子。

④ 从所有小于 0 的 v_i 中，挑选出最小者 $v_{\min} = \min |v_i|$，及其相对应的因子 $x_{\min}$。

⑤ 检验已选入的因子中，此偏回归平方和及最小的因子 $x_{\min}$ 的显著性：若 $\varphi v_{\min} / r_{yy} < F_2$，则剔除该最小因子 $x_{\min}$，对矩阵进行该因子的消元变换。

⑥ 对各待选因子进行筛选，选出偏回归平方和最大者，即在 $v_i > 0$ 的诸 v_i 中挑出 $v_{\max} = \max v_i$ 及其对应的因子 $x_{\max}$，然后检验此 $x_{\max}$ 的显著性。假若 $(\varphi - 1) v_{\max} / (r_{yy} - v_{\max}) < F_1$，则此时既无因子入选，亦无因子剔除，筛选至此为止。若 $(\varphi - 1) v_{\max} / (r_{yy} - v_{\max}) > F_1$，则 $x_{\max}$ 因子入选，对矩阵进行该因子的消元变换。

⑦ 重复第⑤、⑥两步，直至无因子可选，亦无因子可剔为止。

以上式中：φ 为相应的残差平方和的自由度；F_1、F_2 均为 F 分布值，取决于 P 的值、已入选的因子数及选定的取舍显著性水平。一般情况下，$F_1 > F_2$，若 P 较大时则可为常数。

因子筛选结束后，已得出规格化回归方程的各回归系数。原回归模型的有关数值，可依下列各式算出

$$Q = L_y^2 r_{yy} \tag{6-50}$$

$$R = \sqrt{1 - r_{yy}} \tag{6-51}$$

$$S = L_y \sqrt{r_{yy}/\varphi} \tag{6-52}$$

$$F = \frac{\varphi(1 - r_{yy})}{(P - \varphi - 1)r_{yy}} \tag{6-53}$$

$$b_i = \frac{L_y}{L_i} r_{iy} \tag{6-54}$$

$$s_{b_i} = \frac{s}{L_i}\sqrt{r_{ii}} \tag{6-55}$$

$$b_0 = \bar{y} - \sum b_j \overline{x_j} \tag{6-56}$$

多元非线性回归问题可以转化为多元线性回归问题。对于式(6-57)表示的一般二次回归模型，可以通过变量替换转化为多元线性回归问题。

$$f(X) = y = b_0 + \sum_j b_j x_j + \sum_{i<j} b_{ij} x_i x_j + \sum_j b_j x_j^2 \tag{6-57}$$

得到目标函数的回归方程后，可建立优化操作模型

$$\min f(X)$$
$$s.t. \quad x_i^l \leqslant x_i \leqslant x_i^u \quad (i = 1, 2, \cdots, n) \tag{6-58}$$

式中，x_i^l 和 x_i^u 分别为变量 x_i 的下界和上界。应用最优化计算方法可在操作域中找到最优操作点。

6.5.2　模式识别方法[15~17]

计算机模式识别方法大致可分为统计模式识别和句法模式识别两大类。统计模式识别将每个样本用特征参数（在工业优化中经常将描述工况的参数如组成、温度、压力等条件的数值作为"特征参数"）表示成多维空间中的一个点，根据"物以类聚"的原理，同类或相似的样本间的距离应较近，不同类的样本间距应较远，这样，就可以根据各样本点间的距离或距离的函数来判别、分类，并利用分类结果预报未知。这种统计模式识别是工业诊断和工业优化的基本方法。

句法模式识别是以模式结构信息为对象的识别技术。在遥感图片处理、指纹分析、汉字识别等方面已有广泛应用。由于句法模式识别更便于处理图形和结构信息，今后有可能在工业优化工作的图像处理中应用。

统计模式识别的首要目标是样本及其代表点在多维空间中的分类。在工业优化、工业诊断、材料设计等应用领域中，主要使用有人管理分类方法，即事先规定分类的标准和种类的数目，通过大批已知样本的信息处理（称为"训练"或"学习"）找出规律，再用计算机预报未知。

模式识别方法主要有主成分分析法、非线性降维映射法、K-近邻聚类法和分类判别函数法等方法。下面对这几种方法作出简单的介绍。

6.5.2.1　主成分分析法

主成分分析法是把描述样本性能的多个指标化为少数几个综合指标的一种统计分析方法。应用主成分分析法在原始样本数据的基础上，找出由若干个指标线性组合而成的综合指标，应尽可能地反映原来指标的信息，最显著地反映数据样本点在空间分布的差异，且又是彼此互不相关。因此，通过对少数综合指标的分析，根据样本点性能指标进行分类，从中确

定出好的点和区域，用于指导优化操作。主成分分析法的计算步骤如下所述。

① 写出样本数据矩阵

$$Z = \begin{bmatrix} x_{11} & x_{12} & \cdots & x_{1m} \\ x_{21} & x_{22} & \cdots & x_{2m} \\ \vdots & \vdots & \vdots & \vdots \\ x_{n1} & x_{n2} & \cdots & x_{nm} \end{bmatrix}$$

其中，x_{ij} 为第 i 个变量的第 j 个观测值（$i=1,2,\cdots,n$；$j=1,2,\cdots,m$）。

② 对原始数据做标准化处理。在实践中，观测值 x_{ij} 往往差别很大，或所取度量单位不同。如果不对其进行处理势必会突出数据大的作用，而削弱了数值小的作用。因此，为了消除数量级或量纲的影响，必须对原始数据做标准化处理。

常用的处理方法是将数据化为均值为 0，方差为 1。其计算公式为

$$z_{ij} = \frac{x_{ij} - \overline{x}_i}{\sigma_i} \qquad (i=1,2,\cdots,n;j=1,2,\cdots,m) \tag{6-59}$$

其中，$\overline{x}_i = \dfrac{1}{m}\sum\limits_{j=1}^{m} x_{ij}$ 为均值，$\sigma_i = \sqrt{\dfrac{1}{m-1}\sum\limits_{j=1}^{m}(x_{ij}-\overline{x}_i)^2}$ 为方差。

样本集 X 经标准化后的矩阵 Z 为

$$Z = (z_{ij})_{n \times m}$$

③ 计算样本协方差矩阵

$$C = Z^{T}Z \tag{6-60}$$

④ 求协方差矩阵 C 的特征值及其相应的特征向量。利用雅可比法求协方差矩阵 C 的 n 个非负的特征值，且按由大至小的顺序排列，即 $\lambda_1 \geqslant \lambda_2 \geqslant \cdots \geqslant \lambda_n \geqslant 0$，以及对应于特征值 λ_i 的特征值向量 $V_i = (v_{i1}, v_{i2}, \cdots, v_{in})$。由特征向量组成 n 个新的指标（变量）y。

$$Y = \begin{bmatrix} y_1 \\ y_2 \\ \vdots \\ y_n \end{bmatrix} = \begin{bmatrix} v_{11} & v_{12} & \cdots & v_{1n} \\ v_{21} & v_{22} & \cdots & v_{2n} \\ \vdots & \vdots & \vdots & \vdots \\ v_{n1} & v_{n2} & \cdots & v_{nn} \end{bmatrix} \begin{bmatrix} x_1 \\ x_2 \\ \vdots \\ x_n \end{bmatrix} \tag{6-61}$$

即

$$\begin{aligned} y_1 &= v_{11}x_1 + v_{12}x_2 + \cdots + v_{1n}x_n \\ y_2 &= v_{21}x_1 + v_{22}x_2 + \cdots + v_{2n}x_n \\ &\qquad\qquad\vdots \\ y_n &= v_{n1}x_1 + v_{nn}x_2 + \cdots + v_{nn}x_n \end{aligned} \tag{6-62}$$

⑤ 选择 P 个主分量。按式（6-63）计算累积贡献率，当累积贡献率 α 为 85% 以上时，就选择前面 P 个分量作为主分量。

$$\alpha = \sum_{i=1}^{P}\lambda_i \bigg/ \sum_{i=1}^{n}\lambda_i \tag{6-63}$$

式中，P 为主分量数；n 为指标数；λ_i 为特征值。

⑥ 计算主分量值。按式（6-62）前面 P 个（一般 $P=2$）方程式计算各观测的主分量值。

⑦ 点图分类。以第一主分量 y_1 为横坐标，第二主分量 y_2 为纵坐标，将 m 个观测点的组分量值 $(y_{1j}, y_{2j})(j=1,2,\cdots,m)$ 标在 $y_1 - y_2$ 平面上。并用不同的标记表示不同类别的点。

⑧ 确定优化区域。在 $y_1 - y_2$ 平面上确定不同类别（好区和坏区）的分界线和区域。

　　例如图 6-16 所示为两类样本的分类图，图中的判别线将好区和坏区分开，判别线方程可表达为

$$y_2 = ay_1 + b$$

　　好区满足 $y_2 - ay_1 - b \leqslant 0$。将 $y_1 = v_{11}x_1 + v_{12}x_2 + \cdots + v_{1n}x_n$，$y_2 = v_{21}x_1 + v_{22}x_2 + \cdots + v_{2n}x_n$ 代入上式，整理得

$$(v_{21} - av_{11})x_1 + (v_{22} - av_{12})x_2 + \cdots + (v_{2n} - av_{1n})x_n - b \leqslant 0$$

　　根据变量前的系数的绝对值大小和符号可判断变量对操作结果的影响。变量 x_i 前的系数的绝对值越大，表明该变量越重要，若符号为正，表明该变量减少有利；反之亦然。

　　图 6-17 所示的好区是一个由三条线围成的三角形区域，好区可表示为

$$R = \{x \mid g_1(X) \geqslant 0, g_2(X) \leqslant 0, g_3(X) \geqslant 0\}$$

　　其中，$g_1(X)$、$g_2(X)$、$g_3(X)$ 分别为 y_1 和 y_2 两个主成分与 X 的关系式。

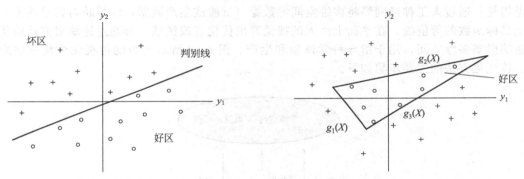

图 6-16　由判别线分出好区与坏区　　　　图 6-17　好区为一个三角形区域

6.5.2.2　K-近邻聚类法

　　K-近邻聚类法是模式识别的标准算法之一，其基本思想是先将已分好类别的训练样本点"记入"多维空间，然后将待分类的未知样本记入空间。考察未知样本点的 K 个邻近（K 为单数整数）。若邻近中某一类样本最多，则可将未知样本判为该类。在多维空间中，各点间的距离通常规定为欧几里得距离。如样本点 i 和样本点 j 间的距离 d_{ij} 可表示为

$$d_{ij} = \left[\sum_{K=1}^{M} (x_{iK} - x_{jK})^2 \right]^{1/2} \tag{6-64}$$

为计算方便，有时采用绝对距离

$$d_{ij} = \sum_{K=1}^{M} |x_{iK} - x_{jK}| \tag{6-65}$$

　　该方法的最大优点是对数据结构没有特定的要求，但其缺点是没有对训练点作信息压缩，因此每判断一个新的未知点都要将它与所有已知点的距离全部算一遍，计算工作量较大。

6.5.2.3　分类判别函数法

　　所谓分类判别函数法，就是从已知类别样本出发构造一个或一种判别算法，并以此对未知样本进行分类判别。

　　设一组函数

$$g_1(X), g_2(X), \cdots, g_R(X)$$

为分属于 R 类的样品集 $X = (x_1, x_2, \cdots, x_n)^{\mathrm{T}}$ 的单值函数。当 X 属于第 i 类时，有关系式

$$g_i(X) > g_j(X) \qquad (i, j = 1, 2, \cdots, R \text{ 且 } i \neq j) \tag{6-66}$$

若 $g_i(X)$ 为线性函数，即

$$g_i(X) = w_{i0} + \sum_{k=1}^{n} w_{ik} X_k \tag{6-67}$$

则称 $g_i(X)$ 为线性判别函数。为了方便，令

$$W_i = [w_{i0}, w_{i1}, \cdots, w_{in}] \tag{6-68}$$

$$Y = [1, x_1, x_2, \cdots, x_n] \tag{6-69}$$

式中，W_i 称为第 i 类权重向量；Y 称为增广模式向量。则判别函数可表示为

$$g_i(X) = W_i Y \tag{6-70}$$

6.5.3　智能可视化优化方法[18~21]

　　智能可视化优化方法是作者提出的一种用于操作优化和配方优化的新方法。此方法的基本思想是：通过人工神经网络将多维空间的数据（试验或生产数据）降维映射到平面上，并产生目标函数的等值线，在平面上由人的视觉看出优化点或区域。再通过逆映射方法将优化点逆映射到多维空间，用于指导科学试验和生产。图 6-18 所示为智能可视化优化方法原理图。该优化方法的主要步骤如下。

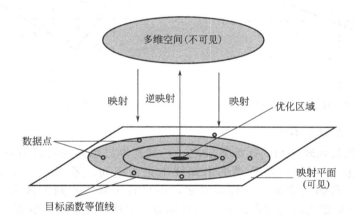

图 6-18　智能可视化优化方法原理图

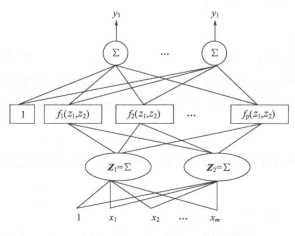

图 6-19　降维映射模型

6.5.3.1　建立映射模型

　　图 6-19 为实现降维映射的人工神经网络，该网络由两层组成。在第一层，样本数据通过线性映射到平面 $z_1 - z_2$，在第二层，将平面上的点非线性映射到目标函数。整个非线性映射用函数关系表示为

$$Y = F(Z) = F(\varphi(X)) \tag{6-71}$$

式中，$Z = \varphi(X)$；Y 为目标函数向量；F 为非线性映射函数向量；Z 为平面坐标向量；X 为变量向量；φ 为线性映射的函数向量。

　　映射模型的信息传递为

$$z_1 = W_1 X^{\mathrm{T}} \tag{6-72}$$

$$z_2 = W_2 X^{\mathrm{T}} \tag{6-73}$$

$$Y = V P^{\mathrm{T}} = \begin{bmatrix} v_{10} & v_{11} & \cdots & v_{1p} \\ v_{20} & v_{21} & \cdots & v_{2p} \\ \vdots & \vdots & \vdots & \vdots \\ v_{l0} & v_{l1} & \cdots & v_{lp} \end{bmatrix} \begin{bmatrix} 1 \\ f_1(z_1, z_2) \\ \vdots \\ f_p(z_1, z_2) \end{bmatrix} \tag{6-74}$$

式中，$X = \begin{bmatrix} 1 & x_1 & x_2 & \cdots & x_m \end{bmatrix}$

$W_j = \begin{bmatrix} w_{0j} & w_{1j} & w_{2j} & \cdots & w_{mj} \end{bmatrix}$ $(j=1,2)$

$Y = \begin{bmatrix} y_1 & y_2 & \cdots & y_l \end{bmatrix}^{\mathrm{T}}$

$P = \begin{bmatrix} 1 & f_1(z_1, z_2) & f_2(z_1, z_2) & \cdots & f_p(z_1, z_2) \end{bmatrix}$

$$V = \begin{bmatrix} v_{10} & v_{11} & \cdots & v_{1p} \\ v_{20} & v_{21} & \cdots & v_{2p} \\ \vdots & \vdots & \vdots & \vdots \\ v_{l0} & v_{l1} & \cdots & v_{lp} \end{bmatrix}$$

其中，W_1、W_2 和 V 是网络的权向量，P 是增加非线性映射的非线性扩展函数向量。一旦确定了网络的权向量 W_1、W_2 和 V，就能在映射平面上确定样本数据的位置和目标函数的等值线，由等值线的分布就能确定优化方向和优化区域。

6.5.3.2　确定网络权向量

网络权向量的确定可以转化成解下列的非凸非线性规划问题

$$E = \min \sum_{t=1}^{n} \sum_{k=1}^{1} \left[d_k(t) - y_k(t) \right]^2 \tag{6-75}$$

式中，n 是样本数；$d_k(t)$ 和 $y_k(t)$ 分别是相对于第 t 个样本第 k 个函数的真实值和网络输出值（计算值）。

6.5.3.3　进行逆映射

在平面上确定出优化点后，还需逆映射到多维空间，用原始变量表示。逆映射公式如下

$$X^c = X^a + \beta(X^b - X^a) \tag{6-76}$$

式中，X^a、X^b 分别为映射平面上 a、b 两点在多维空间相对应的点；X^c 为通过平面上 a、b 两点直线上的任意点 c 在多维空间上的坐标点；β 为步长，其值等于 a、c 两点的距离与 a、b 两点的距离之比

$$\beta = \frac{\overline{ac}}{\overline{ab}} \tag{6-77}$$

当 $\beta > 1$ 时为外推，当 $0 < \beta < 1$ 时为内插。

【例 6-12】　超声波提取银杏叶中总黄酮工艺优化

该工艺的主要操作变量（参数）有乙醇含量（%）、超声波时间（min）、浸泡时间（h）和浸取剂/银杏叶（mL/g），优化的目标是提高总黄酮得率。表 6-3 为通过均匀试验设计得到的 14 个样本数据，其中第 10 号样本数据结果最好，总黄酮得率为 19.2%。

表 6-3　均匀试验设计与结果

序　号	乙醇/%	超声波时间/min	浸泡时间/h	浸取剂/银杏叶/(mL/g)	总黄酮得率/%
1	20	18	18	56	12.5
2	25	42	39	48	15.8
3	30	66	15	40	16.4
4	35	0	36	32	15.6
5	40	24	12	24	15.2
6	45	48	33	16	17.0
7	50	72	9	8	15.0
8	55	6	30	60	18.2
9	60	30	6	52	16.7
10	65	54	27	44	19.2
11	70	78	3	36	16.7
12	75	12	24	28	15.9
13	80	36	0	20	11.1
14	85	60	21	12	13.1

解　图 6-20 是基于 14 个样本数据得到的映射图。从图中看出：在样本数据空间，总黄酮得率的等值线为椭圆的一部分，沿图中箭头所指的方向可找到比 10 号样本更好的优化点。选取图中的"＊"为一个预报点，预报的总黄酮得率为 21.24，对应的工艺条件为：

乙醇 66%；　　　　　　　　　　　　　　　浸泡时间 31.2h；

超声波时间 58.8min；　　　　　　　　　浸取剂/银杏叶 42.4。

在上述预报点的工艺参数下操作，总黄酮得率平均值达到了 20.8%，对比原先最好的结果（10 号样本），总黄酮得率提高了 8.3%，优化的效果明显。

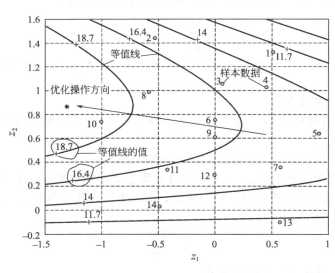

图 6-20　超声波提取银杏叶中总黄酮工艺操作空间映射图

本章小结

最优化问题根据模型的性质和求解方法可分为不同的类别。最优化问题常用的求解策略是：将多变量的优化问题转化为单变量优化问题；将有约束最优化问题转化为无约束最优化问题；将非线性规划问题转化为线性规划问题；将确定型优化问题转化为随机型优化问题。模拟自然法则的一类具有智能因素的智能算法在求解复杂的全局优化问题方面比传统的优化算法有明显的优势。对于大规模系统优化问题，求解策略是：分解-协调法。生产过程的操作优化可应用统计优化、模式识别和智能可视化优化等方法确定出优化操作点和区域。

参考文献

［1］ 何小荣. 化工过程优化. 北京：清华大学出版社，2003.
［2］ 王弘轼. 化工过程系统工程. 北京：清华大学出版社，2006.
［3］ 余俊，廖道训. 最优化方法及其应用. 武汉：华中工学院出版社，1984.
［4］ 吴建春. 数学规划. 北京：中国水利水电出版社，1996.
［5］ 钟毅芳，陈柏鸿，王周宏. 多学科综合优化设计原理和方法. 武汉：华中科技大学出版社，2006.
［6］ 刘勇，康立山，陈毓屏. 非数值并行算法（第二册）——遗传算法. 北京：清华大学出版社，1997.
［7］ Holland J H. Adaptation in Natural and Artificial Systems. Ann Arbor：University of Michigan Press，1975.
［8］ Goldberg D E. Genetic Algorithms in Search. Optimization and Machine Learning. MA：Addison-Wesley，1989.
［9］ Liexiang Y，Dexian M. Global Optimization of Non-convex Nonlinear Programs Using Line-up Competition Algorithm. Computers & Chemical Engineering，2001，25：11-12.
［10］ Liexiang Y. Solving Combinatorial Optimization with Line-up Competition Algorithm. Computers & Chemical Engineering，2003，27（2）：251-258.
［11］ Liexiang Y，Kun S，Shenghua H. Solving Mixed Integer Nonlinear Programming Problems with Line-up Competition Algorithm. Computers & Chemical Engineering，2004，28：2647-2657.
［12］ 郭元裕，李寿声. 灌排工程最优规划与管理. 北京：水利电力出版社，1994.
［13］ 程吉林. 大系统试验选优理论和应用——在复杂水利系统优化规划中的应用研究. 上海：上海科学技术出版社，2002.
［14］ 钟穗生，刘旭光. 实验数据的计算机处理. 北京：海洋出版社，1994.
［15］ 马成良，张海军，李素平. 现代试验设计优化方法及应用. 郑州：郑州大学出版社，2007.
［16］ 陈念贻等. 模式识别方法在化学化工中的应用. 北京：科学出版社，2000.
［17］ 吴若峰等. 计算机在化学化工中的应用. 上海：上海大学出版社，2000.
［18］ Liexiang Y，Bogle I D L. A Visualization Method for Operating Optimization. Computers & Chemical Engineering，2007，31：808-814.
［19］ 鄢烈祥，麻德贤. 过程系统寻优新方法——非线性映射主轴分析法. 系统工程理论与实践，1999，9：79-84.
［20］ 鄢烈祥，华丽. 工业过程操作优化可视化方法：降维分析法. 武汉理工大学学报，2002，7：79-82.
［21］ 鄢烈祥. 降维映射分析法及其应用. 计算机与应用化学，2000，17（4）：359-362.

习　　题

6-1 试用 0.618 法求函数 $f(x)=x(x+2)$ 在区间 $[-3,5]$ 中的极小点，要求极小点所在的区间长度等于 0.05。

6-2 用二次插值法求函数 $f(x)=x^3/3-x^2+1$ 在区间 $[0,3]$ 中的极小点。允许误差 $\varepsilon=0.05$，初始点 $x_1=1$。

6-3 用随机搜索法求解习题 6-1。

6-4 用梯度法求解 $\min f(X)=4x_1^2+x_2^2-x_1^2 x_2$，假设初始点 $X^0=(1,1)^T$，迭代一次。

6-5 用牛顿法求解 （1） $\min f(X)=x_1^2+4x_2^2+9x_3^2-2x_1+18x_3$；（2） $\min f(X)=x_1^2-x_1 x_2+3/2 x_2^2+x_1-2x_2$

6-6 用阻尼牛顿法求解 $\min f(X)=4x_1^2+x_2^2-x_1^2 x_2$，假设初始点 $X^0=(0,8)^T$。

6-7 用随机搜索法求解习题 6-5。

6-8 估计参数 k_1、k_2 和 k_3，最小化误差平方和 $\varphi=\sum_{i=1}^{n}(y_{实测}-y_{预测})_i^2$，其中 $y_{预测}=\dfrac{k_1 x_1}{1+k_2 x_1+k_3 x_2}$。

数据如下表：

$y_{预测}$	x_1	x_2	$y_{预测}$	x_1	x_2
0.126	1	1	0.126	2	2
0.219	2	1	0.186	0.1	0
0.076	1	2			

6-9　用外点罚函数法求约束优化问题

(1) $\min f(X) = x_1^2 + x_2^2$

　　$s.t.$　$x_1 + x_2 - 2 = 0$

(2) $\min f(X) = x_1^2 + x_2^2$

　　$s.t.$　$2x_1 + x_2 - 2 \leqslant 0$

　　　　　$-x_2 + 1 \leqslant 0$

6-10　用障碍函数法求解

(1) $\min f(X) = x_1 + x_2$

　　$s.t.$　$x_1^2 + x_2^2 \geqslant 0$

　　　　　$x_1 \geqslant 0$

(2) $\min f(X) = \dfrac{1}{3}(x_1 + 1)^3 + x_2$

　　$s.t.$　$x_1 - 1 \geqslant 0$

　　　　　$x_2 \geqslant 0$

6-11　用拉格朗日乘子法求解下列优化问题

(1) $\min f(X) = x_1^2 + x_1 x_2 + x_2^2$

　　$s.t.$　$x_1 + 2x_2 = 4$

(2) $\min f(X) = x_1 - 2x_2 + 3x_3$

　　$s.t.$　$x_1^2 + x_2^2 + x_3^2 = 1$

6-12　用线性规划法求：

$\min f(x) = (x_1 - 2)^2 + (x_2 - 1)^2$

$s.t. \begin{cases} g_1(x) = x_1^2 - x_2 \leqslant 0 \\ g_2(x) = x_1 + x_2 - 2 \leqslant 0 \\ g_3(x) = -x_1 \leqslant 0 \\ g_4(x) = -x_2 \leqslant 0 \end{cases}$

初始点 $x^{(0)} = (1.01, 1.01)^{\mathrm{T}}$

6-13　用线性规划法求：

$\max f(x) = x_1^2 + x_2^2 - 20x_1 + 100$

$s.t. \begin{cases} x_1 - x_2 \leqslant 4 \\ x_1 + x_2 \leqslant 8 \\ x_1 \geqslant 0 \\ x_2 \geqslant 0 \end{cases}$

初始点 $x^{(0)} = (0, 0)^{\mathrm{T}}$

7 换热网络综合

7.1 引言

考虑一个化工系统，如图 7-1 所示。设有 N_H 个热物流需要冷却，N_C 个冷物流需要加热，各股物流的热容流率（质量流量与定压热容的乘积）和初始温度与目的温度已知，换热网络综合的目标是：在上述条件下，合成一个由换热器、辅助加热器和辅助冷却器构成的换热器网络，使各股物流达到规定的温度，而总费用最小。

到目前为止，已提出了多种方法来综合换热网络，概括起来可分为两大类：热力学方法和数学规划方法。属于热力学方法的代表有：Linnhoff 和 Flower 等（1983，1978）提出的夹点法和温度区间法[1~3]。属于数学规划法的代表有：Floudas 和 Papoulias 等（1986，1983）提出的非线性规划法和混合整数非线性规划法[4,5]。

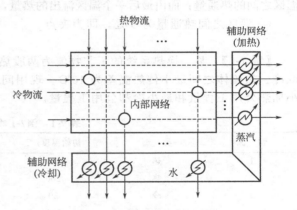

图 7-1 换热网络综合示意图

综合换热网络，一般包括如下步骤：

① 确定换热网络的最小允许传热温度差 ΔT_{min}，该值对设备费用和操作费用有很大影响，需进行优化选取；

② 确定最小公用工程目标；

③ 设计出满足最小公用工程目标的换热网络；

④ 对换热网络进行优化，以减少换热器的数目，可能将以增加公用工程消耗为代价。

7.2 最小公用工程目标[6,7]

综合换热网络的主要目的是有效利用热的过程物流来加热冷的过程物流。在综合换热网络之前，需要计算出最大能量回收，即对给定的需加热和冷却的过程物流，确定出网络中最小的热公用工程和冷公用工程需要量，称为最小公用工程目标的实现。下面将介绍实现最小公用工程目标的三种方法。

7.2.1 问题表法

问题表法是 Linnhoff(1978) 提出的，利用此法可以方便地计算出换热网络所需的最小公用工程用量。问题表法的步骤如下所述。

① 设冷、热物流之间允许的最小温度差为 ΔT_{min}。将热物流的初始温度、目标温度均减去 ΔT_{min}，然后与冷物流的初始温度、目标温度一起从大到小排序，分别用 T_0、T_1、…、T_n 表示，这样生成 n 个温度区间。

② 计算每个温区内的热平衡，以确定各温区所需的加热量和冷却量，计算式为

$$\Delta H_i = (\sum CP_C - \sum CP_H)(T_i - T_{i-1}) \tag{7-1}$$

式中，ΔH_i 为第 i 区间所需外加热量，kW；$\sum CP_C$、$\sum CP_H$ 分别为该温区内冷、热物流热容流率之和，kW/℃；T_i、T_{i-1} 分别为该温区的进、出口温度，℃。

③ 进行热级联计算。第一步，计算外界无热量输入时各温区之间的热通量。此时，各温区之间可有自上而下的热流流通，但不能有逆向热流流通。第二步，为保证各温区之间的热通量不小于 0，根据第一步级联计算结果，取绝对值最大的负热通量的绝对值为所需外界加入的最小热量，即最小加热公用工程用量，由第一个温区输入；然后计算外界输入最小加热公用工程量时各温区之间的热通量；而由最后一个温区流出的热量，就是最小冷却公用工程用量。

④ 温区之间热通量为零处，即为夹点。

【例 7-1】 某一换热系统的工艺物流为两股热流和两股冷流，其物流参数如表 7-1 所示。取冷、热流体之间最小传热温差为 10℃。现用问题表法确定该换热系统的夹点位置以及最小加热公用工程量和最小冷却公用工程量。

表 7-1　例 7-1 物流数据

物　流	类　　型	初始温度/℃	目标温度/℃	热容流率/(MW/℃)
1	热	250	40	0.15
2	热	200	80	0.25
3	冷	20	180	0.2
4	冷	140	230	0.3

解　首先按问题表步骤①、②，计算得到各温度区间内的热平衡计算结果，如表 7-2 所示。然后，进行热级联计算，图 7-2(a) 为外界无热量输入的热级联算结果。图中所示的热量流率有些为负值，这在热力学上是不可行的，为了使热级联可行，需要从热公用工程引入至少 7.5MW 的热量。图 7-2(b) 是从第一个温区引入 7.5MW 热量的热级联结果。此时，温区 4 和温区 5 之间的热通量为零，此处就是夹点，即夹点在 140℃（热物流温度 150℃，冷物流 140℃）处。

最后得：最小热公用工程为 7.5MW，最小冷公用工程为 10.0MW。

表 7-2　温度区间内的热平衡

温区/℃	物　流				T_i-T_{i-1}	$\sum CP_C-\sum CP_H$	ΔH_i
240	0.15						
230					10	−0.15	−1.5
190		0.25			40	0.15	6.0
180					10	−0.1	−1.0
140					40	0.1	4.0
70			0.3		70	−0.2	−14.0
30					40	0.05	2.0
20					10	0.2	2.0
	0.2						

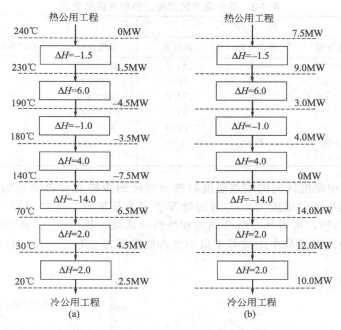

图 7-2　问题表热级联图

7.2.2　组合曲线法[7]

物流的热特性可以用温焓（T-H）图表示，T-H 图以温度 T 为纵坐标，以焓 H 为横坐标。热物流线的走向是从高温向低温，冷物流线的走向是从低温向高温，当物流的热容流率为常数时，曲线成直线。在图 7-3 中绘出了表 7-1 所列的物流线，每条线是沿着横坐标任意定位的，以避免相交和挤在一起。

基于上节各个温区冷、热负荷的数据可以方便地合成冷组合曲线和热组合曲线，步骤如下：

①　对于热物流，取所有热物流中最低温度 T 时的焓等于零为基准点。从 T 开始向高温区移动，计算每个温区的累计焓，用累计焓对温度作图，得到热物流的组合曲线。

②　对于冷物流，取所有冷物流中最低温度 T 时的焓等于 H_{C0}（$H_{C0}>0$）为基准点。从 T 开始向高温区移动，计算每个温区的累计焓，用累计焓对温度作图，得到冷物流的组合曲线。

③　在 T-H 图中，将冷物流组合曲线向左平行移动，直到与热组合曲线之间的最小垂直距离达到 $\Delta T_{\min}$ 为止。

此时图中，两组合曲线之间的垂直距离最小处，即为夹点。冷、热物流的夹点温度可以从纵坐标上读出。最大热回收量、最小冷公用工程和最小热公用工程量可以方便地从图中读出。

【例 7-2】　用组合曲线法确定表 7-1 数据的最小公用工程目标

解　根据上节问题表法所得到的各个温区划分结果，可计算出各个温区冷却、加热热负荷和累计负荷。表 7-3 给出了计算结果，其中冷物流的累计焓是按最低温度 20℃ 时的焓等于 20MW 为基准计算的。注意，表中各温区的温度范围已还原成实际温度。

表 7-3　各个温度区间冷、热物流的热负荷

区　间	冷　却			加　热		
	温度范围	冷却负荷	累计焓	温度范围	冷却负荷	累计焓
1	240~250	1.5	61.5	230~240	—	—
2	200~240	6.0	60.0	190~230	12.0	79.0
3	190~200	4.0	54.0	180~190	3.0	67.0
4	150~190	16.0	50.0	140~180	20.0	64.0
5	80~150	28.0	34.0	70~140	14.0	44.0
6	40~80	6.0	6.0	30~70	8.0	30.0
7	30~40	—	—	20~30	2.0	22.0

　　分别将表 7-3 中温度区间的端点温度对各个温区的冷物流和热物流的累计焓在 $T\text{-}H$ 图上作图（注意：热物流取温度为 40℃时的焓等于零为基准点，冷物流取温度为 20℃时的焓等于 2MW 为基准点），可得到冷组合曲线和热组合曲线，见图 7-4。将冷组合曲线向左平移直到两条组合曲线的垂直最小距离等于最小允许传热温差 $\Delta T_{\min} = 10℃$ 时为止。

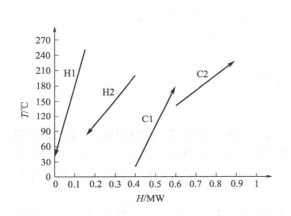

图 7-3　各物流的加热曲线和冷却曲线

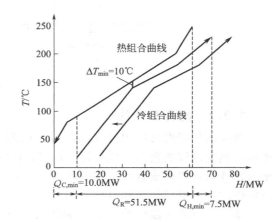

图 7-4　热组合曲线和冷组合曲线

　　从图 7-4 中可看出，在夹点处，冷、热组合曲线上对应的温度分别为 150℃ 和 140℃。冷、热组合曲线重叠部分所对应焓值为该夹点下最大热回收量，$Q_R = 51.5\text{MW}$，超出热组合曲线起点的那部分冷组合曲线，进行热回收是不可能的，必须采用外部热公用工程对其供热，该外部热公用工程即为热公用工程目标，$Q_{H,\min} = 7.5\text{MW}$。同样，超出冷组合曲线起点的那部分热组合曲线，进行热回收也是不可能的，必须采用外部冷公用工程对其供冷，这一冷量即为冷公用工程目标，$Q_{C,\min} = 10.0\text{MW}$。

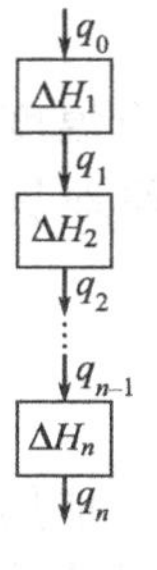

7.2.3　线性规划法

　　最小公用工程目标可用线性规划法求解得到。对图 7-5 所示的热级联图，以外加的热公用工程最小为目标，以每个温区的能量平衡为约束条件，可写出优化模型如下

$$Q_{H,\min} = \min q_0$$

$$s.t. \quad q_i = q_{i-1} + \Delta H_i \quad (i = 1, 2, \cdots, n)$$

$$q_i \geqslant 0 \quad (i = 1, 2 \cdots, n)$$

图 7-5　热级联图

　　解上述线性规划问题，可得最小热公用工程量 $Q_{H,\min} = q_0$ 和最小冷公用

工程量 $Q_{C,min} = q_n$，以及各区间传递的热量 $q_i (i = 1, 2, \cdots, n)$。

【例 7-3】 对图 7-2 的热级联建立线性规划模型，并求解。

解 建立线性规划模型如下

$$Q_{H,min} = \min q_0$$

$$s.t. \begin{cases} q_0 - q_1 + 1.5 = 0 \\ q_1 - q_2 - 6.0 = 0 \\ q_2 - q_3 + 1.0 = 0 \\ q_3 - q_4 - 4.0 = 0 \\ q_4 - q_5 + 14 = 0 \\ q_5 - q_6 - 2.0 = 0 \\ q_6 - q_7 - 2.0 = 0 \\ q_i \geqslant 0 \quad (i = 1, 2, \cdots, 7) \end{cases}$$

用 MATLAB 优化工具箱的解线性规划的程序，可解得

$$Q_{H,min} = q_0 = 7.5MW$$

$$q_1 = 9.0MW, q_2 = 3.0MW, q_3 = 4.0MW, q_4 = 0MW, q_5 = 14.0MW, q_6 = 12.0MW$$

$$Q_{C,min} = q_7 = 10.0MW$$

所求得的最优解与问题表法相同。

7.2.4 夹点意义

夹点的出现将整个换热网络分成了两部分：夹点之上和夹点之下。夹点之上是热端，只有换热和加热公用工程，没有任何热量流出，可看成是一个净热阱。夹点之下是冷端，只有换热和冷却公用工程，没有任何热量流入，可看成是一个净热源。在夹点处，热流量为零。

如果在夹点之上热阱子系统中设置冷却器，用冷却公用工程移走部分热量，其量为 X，根据夹点之上子系统热平衡可知，X 这部分热量必然要由加热公用工程额外输入，结果加热和冷却公用工程量均增加了 X，如图 7-6(a) 所示。

同理，如果在夹点之下热源子系统中设置加热器，加热和冷却公用工程用量也均相应增加，如图 7-6(b) 所示。

如果发生跨越夹点的热量传递 Z，即夹点之上热物流与夹点之下冷物流进行换热匹配，则根据夹点上下子系统的热平衡可知，夹点之上的加热公用工程量和夹点之下的冷却公用工程量均相应增加 Z，如图 7-6(c) 所示。

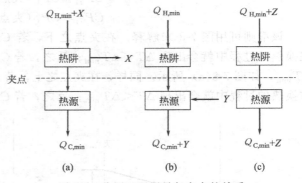

图 7-6 公用工程用量与夹点的关系

因此，为达到最小加热和冷却公用工程量，夹点方法的设计原则是：

① 夹点之上不应设置任何公用工程冷却器；

② 夹点之下不应设置任何公用工程加热器；

③ 不应有跨越夹点的传热。

此外，夹点是制约整个系统能量性能的"瓶颈"，它的存在限制了进一步回收能量的可能。如果有可能通过调整工艺改变夹点处物流的热特性，例如使夹点处热物流温度升高或使夹点处冷物流温度降低，就有可能把冷组合曲线进一步左移，从而增加回收的热量。

7.3 最大能量回收网络[8,9]

确定最小加热和冷却公用工程量后，需要设计两个热交换网络，一个在夹点的热侧，另一个在夹点的冷侧。如图 7-7 所示，图中自左向右的箭头表示热物流，自右向左的箭头表示冷物流。

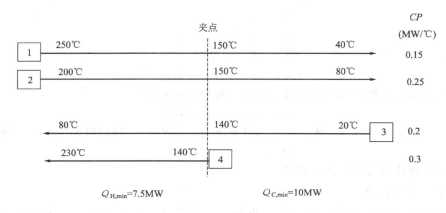

图 7-7 热物流与冷物流的夹点分解

在夹点设计中，物流的匹配应遵循以下准则。

① 热容流率 CP 不等式准则 夹点处的温差 ΔT_{min} 是网络中的最小温差，为保证各换热匹配的温差始终不小于 ΔT_{min}，要求在夹点处匹配的物流热容流率满足以下准则

$$CP_H \leqslant CP_C（夹点之上） \tag{7-2}$$

$$CP_H \geqslant CP_C（夹点之下） \tag{7-3}$$

该准则可用图 7-8 来解释。在夹点之下，若 $CP_H \leqslant CP_C$，则热物流线比冷物流线陡，在换热的过程中就会出现 $\Delta T < \Delta T_{min}$；反之，若 $CP_H \geqslant CP_C$，则匹配各处的 ΔT 将不小于 ΔT_{min}，如图 7-8(a) 所示。同样，在夹点之上，若 $CP_H \geqslant CP_C$，则冷物流线比热物流线陡，在换热的过程中就会出现 $\Delta T < \Delta T_{min}$；反之，若 $CP_H \leqslant CP_C$，就能保证匹配各处的 ΔT 不

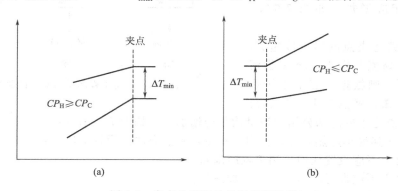

图 7-8 夹点处匹配的热容流率准则

小于 $\Delta T_{\min}$，如图 7-8(b) 所示。

② 最大热负荷准则　为保证最小数目的换热单元，每一次匹配应换完两股物流中的一股。

【例 7-4】　现以表 7-1 所列物流系统为例说明设计过程。

解　夹点之上：根据热容流率准则 $CP_{\mathrm{H}} \leqslant CP_{\mathrm{C}}$，应使热物流 1 与冷物流 3 匹配，热物流 2 与冷物流 4 匹配。为满足最大热负荷准则，热物流 1 与冷物流 3 的匹配中，应将负荷较小的冷物流 3 换完，同样，热物流 2 与冷物流 4 的匹配中，应将负荷较小的热物流 2 换完。这样匹配后，热物流 1 和冷物流 4 还有剩余负荷，这两股物流可以进行匹配，将热物流 1 剩余的负荷换完。最后，冷物流 4 所剩加热负荷由热公用工程提供。图 7-9 给出了夹点之上换热网络子系统的设计结果。

夹点之下：根据热容流率准则 $CP_{\mathrm{H}} \geqslant CP_{\mathrm{C}}$，应使热物流 2 与冷物流 3 匹配，再根据最大热负荷准则，将负荷较小的热物流 2 换完。热物流 1 与冷物流 3 的匹配由于离开了夹点，可不受热容流率准则的限制进行匹配，并将冷物流 3 剩余的负荷换完。最后，热物流 1 所剩冷却负荷由冷公用工程提供。图 7-10 给出了夹点之下换热网络子系统的设计结果。

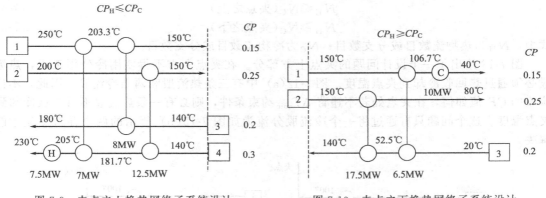

图 7-9　夹点之上换热网络子系统设计　　　　图 7-10　夹点之下换热网络子系统设计

把夹点之上热侧换热网络设计图 7-9 与夹点之下冷侧换热网络设计图 7-10 合并在一起可得到图 7-11 所示的最终完整设计。此换热网络实现了最小公用工程的目标，热公用工程

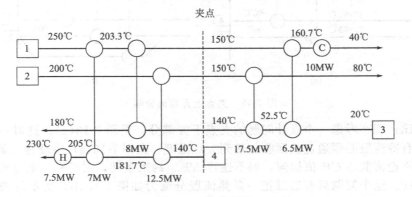

图 7-11　完整设计

为 7.5MW，冷公用工程为 10MW。

通过例 7-4 的实例计算，可总结出满足最小公用工程目标的换热网络设计步骤如下：

① 在夹点处将问题分成两个子问题，采用如图 7-7 所示的表示方法，将每股物流的热容流率放在靠右边的列中作为参考是有益处的；

② 每个子问题的设计从夹点处开始，并向离开夹点的方向推进；

③ 对于夹点处的匹配，必须满足热容流率准则；

④ 使用最大热负荷准则来确定单个换热器的负荷以实现换热单元数最小；

⑤ 离开夹点后，物流的匹配有较大的自由度，设计者可依据自己的判断和过程知识来设计。

7.4　物流分割

在设计满足最小公用工程目标的换热网络时，如果夹点热侧的冷物流数目小于热物流数目，或夹点冷侧的热物流数目小于冷物流数目时，必须应用物流分割。除此之外，在夹点处如果物流的匹配不能满足热容流率准则，也必须应用物流分割。因此，除前面提出的热容流率准则和最大热负荷准则外，还有如下的物流数目准则

$$N_H \leqslant N_C（夹点之上） \tag{7-4}$$

$$N_H \geqslant N_C（夹点之下） \tag{7-5}$$

式中，N_H 为热物流数目或分支数目；N_C 为冷物流数目或分支数目。

图 7-12 给出了一个设计问题的夹点上方部分。在夹点上方不得使用冷公用工程，热流股必须通过热回收冷却到夹点温度。图 7-12(a) 中有三条热流股和两条冷流股。因此，不论流股的 CP 值如何，在夹点处若不违背 ΔT_{min} 约束条件，则必有一条热流股不可能被冷却到夹点温度。这个问题只有通过将一个冷流股分流为如图 7-12(b) 所示的两个并行支流才能解决。

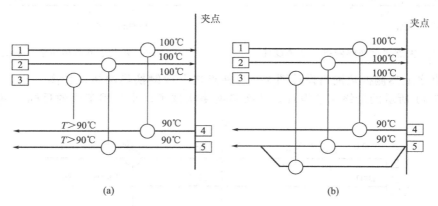

图 7-12　夹点上方物流分割

作为对比，现在考虑一个设计问题的夹点下方部分，见图 7-13(a)。这时不能使用热公用工程，所有冷流股必须通过热回收加热到夹点温度。在图 7-13(a) 中现有三条冷流股和两条热流股。不论流股的 CP 值如何，如不违背 ΔT_{min} 约束条件，则必有一条冷流股无法被加热到夹点温度。这个问题只有通过把一条热流股分流为如图 7-13(b) 所示的两条并行流股才能得到解决。

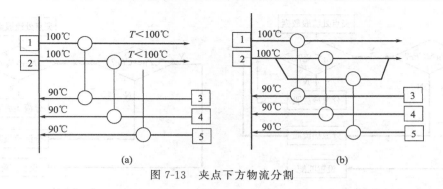

图 7-13 夹点下方物流分割

在夹点处，并不只是流股数目提出流股分流的要求。有时在夹点处如果没有流股分流，CP 不等式准则不可能得到满足。

考虑图 7-14(a) 所示问题的夹点上方部分，热流股数目小于冷流股数目，满足物流数目准则，然而，热物流的 CP 比两个冷物流都大，热容流率 CP 不等式准则不满足。此时，可以通过把热流股分流为两条并行流股来使 CP 值变小，以使热容流率 CP 不等式准则得到满足。如图 7-14(b) 所示。

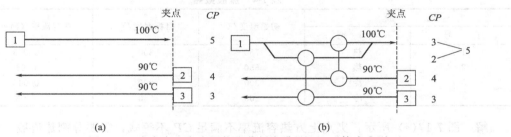

图 7-14 在夹点上方应用物流分割来满足 CP 不等式准则

图 7-15(a) 给出了一个问题的夹点下方部分，热流股数目多于冷流股数目，满足物流数目准则。然而，两条热流股的 CP 均小于冷流股的，不满足热容流率 CP 不等式准则。此时，可以通过把冷流股分流成两条并行流股来使其 CP 值变小以满足 CP 不等式准则，见图 7-15(b)。

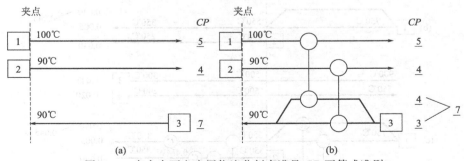

图 7-15 在夹点下方应用物流分割来满足 CP 不等式准则

图 7-16 给出了满足最小公用工程目标要求的夹点两侧物流分割的算法框图。必须指出，在物流分割的过程中，物流的分割比在满足热容流率准则条件下有一定的自由度，不同的分割比对网络的费用有不同的影响，因此，在换热网络的设计中，分割比可以作为一个优化变量来考虑。

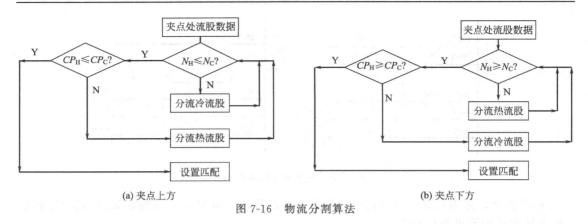

(a) 夹点上方 (b) 夹点下方

图 7-16 物流分割算法

【例 7-5】 一个石油化工过程的问题表分析表明，在最小温差为 50℃ 时，该过程需 9.2MW 热公用工程，6.4MW 冷公用工程，并且热流股夹点温度为 550℃，冷流股夹点温度为 500℃。工艺流股数据在表 7-4 中给出。试设计一个换热网络以实现最大能量回收。

表 7-4 流股数据

流 股		初始温度/℃	目标温度/℃	热容流率/(MW/℃)
序 号	类 型			
1	热	750	350	0.045
2	热	550	250	0.04
3	冷	300	900	0.043
4	冷	200	550	0.02

解 图 7-17(a) 所示，夹点上方热容流率不满足 CP 不等式，需要分割热流股。图 7-17

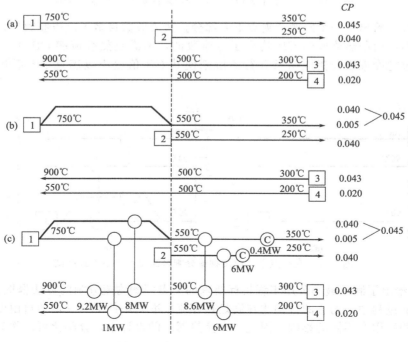

图 7-17 例 7-5 换热网络设计过程

(b) 为满足 CP 不等式热流股分割的结果。其后，设计可以顺利进行，最终设计如图 7-17 (c) 所示。

7.5 换热网络优化[8]

设计满足最小公用工程目标的换热网络后，通常将换热器的数目减到最少，而允许增加公用工程的消耗，尤其在可以消除某些小的换热器时。用这种方法，可以获得较低的年度总费用（设备费用和操作费用之和），特别是当与换热器的购置费用相比公用工程费用较低时，更能降低年度总费用。

7.5.1 最少换热单元数

一个换热网络的最小单元数可由欧拉定理来描述

$$N_{\min}=N_s+L-S \tag{7-6}$$

式中，$N_{\min}$ 是换热单元数，包括换热器、加热器和冷却器；N_s 是物流数目，包括工艺物流以及加热和冷却公用工程；L 是独立的热负荷回路数目；S 是可能分解成不相关子系统的数目。

通常，系统往往没有可能分离成不相关子系统，故 $S=1$；一般希望避免多余的换热单元，因此尽量消除回路，使 $L=0$，于是式(7-6) 变成

$$N_{\min}=N_s-1 \tag{7-7}$$

但由于最小公用工程换热网络的设计是分解成夹点之上和夹点之下两个子问题的，在这样的条件下，整个网络的最小换热单元数应为夹点之上和夹点之下两个子系统的最小换热单元数之和，即

$$N_{\min}=(N_s-1)_上+(N_s-1)_下 \tag{7-8}$$

【例 7-6】 对图 7-11 所示的过程，试计算该换热网络所需的最小换热单元数。

解 图 7-11 中夹点把过程分成了两部分。夹点之上共有 5 个流股，包括 4 个工艺流股和一个蒸汽流股；夹点之下共有 4 个流股，包括 3 个工艺流股和一个冷却水流股。应用公式(7-8) 得

$$N_{\min}=(5-1)_上+(4-1)_下=7$$

该问题的设计确实采用了 7 个换热单元，即为最小换热单元数。

7.5.2 热负荷回路与路径

换热网络的优化是基于热负荷回路和热负荷路径的概念来进行的。热负荷回路的定义：在网络中从一股物流出发，沿着与其匹配的物流找下去，又回到原来的物流，则称在这些匹配单元之间构成热负荷回路。公用工程路径的定义：在网络中从某一公用工程出发，沿着与其匹配的物流找下去，找到另一公用工程，则称在两种不同的公用工程之间构成一条公用工程路径。这样的路径可以是从蒸汽到冷却水的路径，也可以是从热公用工程的高压蒸汽到低压蒸汽的路径。热负荷回路和公用工程路径的存在为网络的优化提供了自由度。这是因为换热负荷可以沿着热负荷回路和公用工程路径迁移，使一些换热器负荷变大，一些换热器负荷变小，还有些换热器负荷变为 0 而从中消除掉。

图 7-18(a) 为图 7-11 的换热网络设计，图中标出了一个热负荷回路。热量可以环绕回路进行转移。在这个回路中，热负荷 U 简单地从单元 E 转移到单元 B。沿着回路转移热负

荷将保持网络热量平衡和流股的初始温度、目标温度不变，但是回路上的温度将发生变化。因此，回路上的换热器，除热负荷之外温差也将改变。U 的数量可以是不同的值，不同的值对总费用有影响，U 值可以通过优化确定。如果 U 的最佳值确定为 6.5MW（单元 E 的原负荷），则单元 E 的负荷变为零，该单元将从设计中剔除掉。

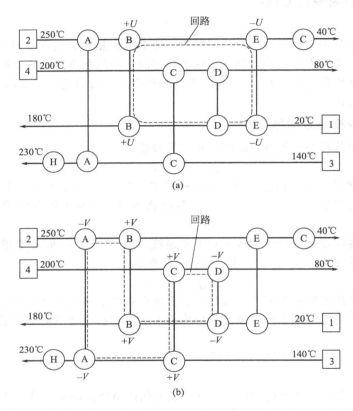

图 7-18　利用回路优化换热网络

图 7-18（b）标出了该网络的另外一个回路，同时也示出了环绕该回路转移热负荷 V 产生的影响。同样，热量平衡保持不变，但沿着回路的温度和热负荷都发生了变化。如前所述，也可以通过优化确定最佳的 V 值。如果 V 的最佳值是 7.0MW（单元 A 的原负荷），则单元 A 的热负荷变为零，该单元 A 将从设计中剔除掉。

图 7-19（a）标示出了该网络的一条公用工程路径。热负荷可以与回路相似的方式沿着公用工程路径转移。同时也表示出沿该路径移动热负荷 W 所产生的作用。这时热量平衡改变了，这是因为从热公用工程输入的负荷和输出到冷公用工程的负荷都改变了 W，但流股的初始温度和目标温度都保持不变。W 值可以通过优化确定。如果 W 的优化值为 7.0MW，这将导致单元 A 从设计中被剔除掉。图 7-19（b）给出了另外一条公用工程路径，它也可以用于网络优化。

事实上，换热网络的优化要求图 7-18 和图 7-19 中的变量 U、V、W 和 X 同时优化。此外，在设计方案中还可能存在流股分流，因此在优化过程中，分支流股流率的调整可以与回路和路径的负荷路径配合使用。在优化过程中，设计不再受温差大于 ΔT_{min} 约束条件的限制（尽管在实际中，应该避免个别换热器采用很小的温差值）。也就是说，夹点不再把整个设计划分为独立的热力学区域，也不会再担心是否有热量穿越夹点传递。现在优化目标只是费用最小。

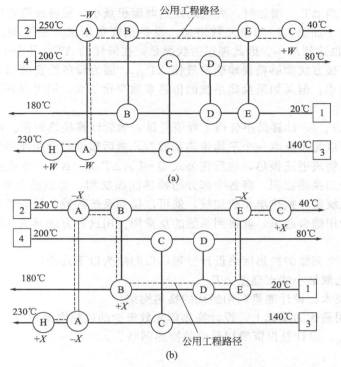

图 7-19 利用公用工程路径优化换热网络

因此，回路、公用工程路径和流股分流为调整网络费用提供了自由度，该问题属于一个非线性优化问题。约束条件只是那些可行的传热要求：每台换热器的温差为正和热负荷非负。此外，如果存在流股分流，则应当有分支流股流率为正的约束条件。

7.5.3 ΔT_{min} 的选择

到目前为止，在作换热网络设计时，总是直接指定一个任意的最小温差 ΔT_{min}。实际设计中，ΔT_{min} 的选择与换热网络的操作及设备成本有直接关系。图 7-20 显示了 ΔT_{min} 与公用工程消耗及投资的关系。从图 7-20(a) 可以看到，热公用工程和冷公用工程消耗都随 ΔT_{min} 的增加而增大，而且二者用量平行增加。这导致了如图 7-20(b) 所示的公用工程消耗随 ΔT_{min} 单调增加。从图 7-20(b) 还可以看到，对于设备费用，ΔT_{min} 存在一个最佳值。当 $\Delta T_{min} = 0$ 时，所需换热面积无限大，导致设备投资无限大，而公用工程消耗达到最小值，两项成本的

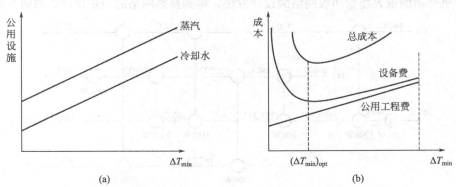

图 7-20 热回收网络公用工程及成本与 ΔT_{min} 的关系

总和趋于无穷大。当 $\Delta T_{\min}$ 增加时，夹点处换热器面积减小，设备投资费用也迅速下降，但超过最低值后，由于加热、冷却单元数增加，设备投资费用又开始增加。相应地，在最佳 $\Delta T_{\min}$ 处，总成本也达到最小。因此理想的状况是，在最佳的 $\Delta T_{\min}$ 下进行换热网络设计。

目前还没有直接方法能够精确地确定最佳 $\Delta T_{\min}$，因为设备投资费用与 $\Delta T_{\min}$ 的关系无法用函数式直接描述。但是如果换热系统的传热系数变化不大，则可以利用下面的方法计算 $\Delta T_{\min}$ 的近似值。

先假设一个 $\Delta T_{\min}$，计算最小公用工程消耗量，然后计算换热面积。由于系统传热系数变化不大，因此可以为系统取一个平均传热系数 U，然后根据组合曲线的角点分割曲线。假设各部分中冷、热物流逆流换热，然后按公式 $Q = U A \Delta T_{\mathrm{LM}}$（$\Delta T_{\mathrm{LM}}$ 为端点温度对数平均温差）计算每个部分的换热面积，将各个部分的换热面积加和，得到整个系统的总换热面积。再把这个面积与系统最小换热单元数加权，就可以得到系统的设备投资费用。将此费用与最小公用工程消耗费用综合起来，就得到系统的总费用。用这种方法尝试几次，可得到 $\Delta T_{\min}$ 的近似值。

综上所述，一个完整的换热网络设计过程可以归结为以下几步：
① 根据经验选取最小端点温差 $\Delta T_{\min}$；
② 根据夹点技术，设计能量利用最优的换热网络；
③ 在能量利用最优的基础上，设计换热单元数最少的换热网络；
④ 调整 $\Delta T_{\min}$，设计总投资费用最少的换热网络。

【例 7-7】 　根据以下条件，完成下列四股物流的换热网络设计与优化。

物流	$T^s/℃$	$T^t/℃$	$CP/(kW/℃)$	Q/kW
C1	120	360	3	720
C2	60	260	2.6	520
H1	360	80	2	560
H2	300	80	4	880

其中 $\Delta T_{\min} = 20℃$。

解 　（1）基本换热网络设计

首先用问题表法计算本例的最大能量回收目标，得到最小热公用工程和冷公用工程负荷分别为 120kW 和 320kW，夹点温度为 280℃（热物流温度 300℃，冷物流温度 280℃）。接着按 7.3 节里介绍的最大能量回收网络的设计方法，得到换热网络的初步设计，如图 7-21 所示。

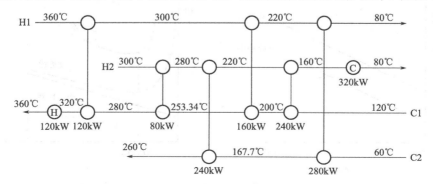

图 7-21　最大能量回收换热网络图

（2）换热网络优化

上述最大能量回收网络涉及六个内部热交换器、一个辅助加热器和一个辅助冷却器，共八个热交换单元，按式(7-6)计算得到最少换热单元数为五个。下一步将通过识别热回路，并调整热回路中的热量分配以减少热交换器数目。

如图 7-22(a) 所示，物流 H1 和 C1 间存在热负荷回路，为消除该回路，可将 160kW 的热交换器与 120kW 的热交换器合并，此时新的换热器负荷为 280kW，若保持冷物流出口温度 320℃不变，则可得入口物流温度为 226.66℃，如图 7-22(b) 所示，这将违反最小传热温度差 $\Delta T_{\min}=20℃$ 的规定（220－226.66＝－6.66），必须将该热交换器的传热量减少 x，以使 H1 物流的换热器出口温度达到 246.66℃（226.66＋20＝246.66）。由热量衡算

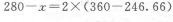

$$280-x=2\times(360-246.66)$$

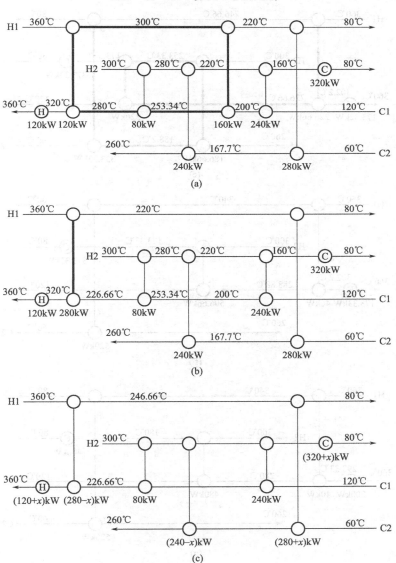

(a)

(b)

(c)

图 7-22

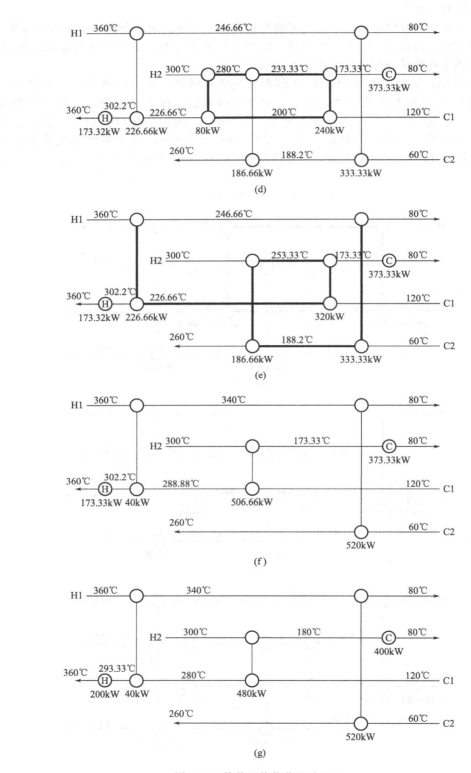

图 7-22　换热网络优化设计过程

计算可得，热负荷的减少量为 $x=53.33\mathrm{kW}$。对于物流 C1 来说，由于上述热负荷的减少，使其无法达到换热终温 360℃，因此必须给该物流上的公用工程加热器增加相应的热负荷 x 才能将物流 C1 加热到 360℃。而其他相关热交换器的负荷也须调整同样的数量才能保证各物流的换热目标实现，如图 7-22(c) 所示。在对热负荷进行调整后，得到的换热网络如图 7-22(d) 所示。可以看出，在该网络中仍存在着一个由物流 H2 和 C1 所构成的热回路，为消除该回路，可将 80kW 热交换器与 240kW 热交换器合并，如图 7-22(e) 所示，在该网络中，不存在违反温度差规定的情况。但是可以看出在该网络中仍存在着一个涉及四个热交换器和四股物流的热回路。为消除该回路，转移热量回路中负荷最小的热交换器的负荷，消除该热交换器，如图 7-22(f) 所示，但这又将违反温度差规定（$300-288.88=11.12$）。为了避免这一问题，须将合并后换热器的传热量减少 y。由热量衡算

$$506.66-y=3\times(280-120)$$

计算可得，热负荷的减少量为 $y=26.66\mathrm{kW}$，同时调整其他相关换热单元的负荷，最终设计如图 7-22(g) 所示。

7.6 换热网络改造设计[9]

一般说来，对现有换热网络改造设计比新换热网络的设计更为复杂，受到的约束更多，要考虑的因素也更多。首先，希望尽量保持原有的系统结构和主要的工艺设备，例如反应器、精馏塔等位置尽量不动；其次，希望尽可能地利用原有的换热器。例如，工艺设备的位置已定，某些流股会因为距离太远而不便进行换热；再次，为了不更换流体输送泵，有时需要限制换热器中的流速或新增换热器的数目，以免流体压降过大。因此，在改造设计时，各种因素都要综合考虑。

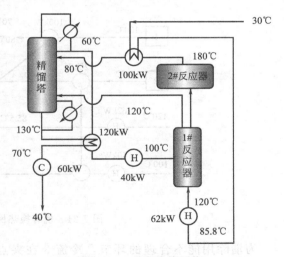

图 7-23　现有换热网络

7.6.1 老厂改造

换热网络改造设计的基本步骤有：①搞清楚现有换热网络流程结构；②收集冷热流股数据；③确定能量回收目标和计算节能潜力；④应用夹点设计原则进行改造设计；⑤估算投资回收期和提交改造方案。

下面通过一个简单的例子说明改造设计的基本步骤。

【例 7-8】 对图 7-23 所示的化工过程系统进行换热网络设计改造。本例将分别采用手工计算与 Aspen 换热网络设计软件进行改造。

解 （1）手工计算

① 认识系统流程结构。此系统由两个反应器、一个精馏塔、两个换热器、两个加热器和一个冷却器组成。该系统中的所有余热都已进行了回收，最后排给冷却公用工程的废热的温度只有 70℃。整个换热网络系统需要加热公用工程共 102 个单位，冷却公用工程共 60 个单位。

② 收集冷热流股数据。该系统有两个冷流股和两个热流股，它们的数据列在表 7-5 中。

表 7-5 过程的流股数据

物流编号和类型	热容流率 CP /(kW/℃)	供应温度 /℃	目标温度 /℃	物流编号和类型	热容流率 CP /(kW/℃)	供应温度 /℃	目标温度 /℃
1 热流	10	180	80	3 冷流	1.8	30	120
2 热流	2.0	130	40	4 冷流	4.0	60	100

③ 确定能量回收目标。取夹点温差为 10℃，对该物流数据用问题表法求解，求得夹点位置在热流温度 70℃、冷流温度 60℃处。能量目标为：最小加热公用工程为 48 个单位，最小冷却公用工程为 6 个单位。根据能量目标和实际的公用工程消耗可计算出节能潜力。节能潜力＝实际加热公用工程量－最小加热公用工程量＝102－48＝54 个单位，节能潜力高达 53%。

④ 应用夹点设计原则进行分析改造。图 7-24 是用栅格图表示的换热网络，从图上可直观看出，夹点之上没有冷却器，夹点之下没有加热器，但有跨越夹点的传热。在热流 1 与冷流 3 的换热中发生了跨越夹点的传热，该跨越夹点的传热量为 (60－30)×1.8＝54 个单位，这正是用能不合理的环节。

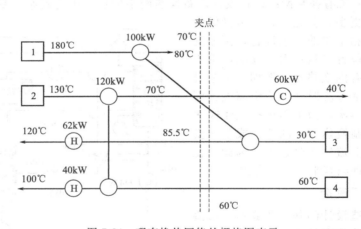

图 7-24 现有换热网络的栅格图表示

为消除用能不合理的环节，冷流 3 在夹点之下部分（30℃、60℃）的加热不用夹点之上的热流，只用夹点之下的热流，即只用 70℃以下的热流 2。为此需增加一个换热器，如图 7-25 和图 7-26 所示。

改造后热公用工程从 102 个单位下降到了 48 个单位，节约了 53%，冷公用工程量从 60 个单位下降到了 6 个单位，节约了 90%，所需的投入是增加一台热交换器，据此可计算出投资回收期。

（2）Aspen Energy Analyzer 改造上述换热网络

Aspen Energy Analyzer 是 Aspen Tech 公司旗下进行换热网络优化设计的一个功能强大的概念设计包，提供了夹点分析和换热网络优化设计环境，是 Aspen 在工程应用中的一个重要工具，以下是使用 Aspen Energy Analyzer 进行换热网络改造的步骤。

① 启动能量分析器，点击菜单栏中的 **Features** 新建一个 **HI Case** 文件。

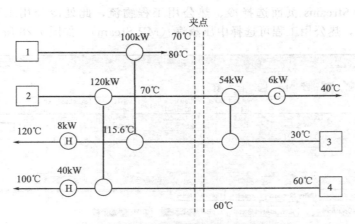

图 7-25　改造的换热网络的栅格图表示

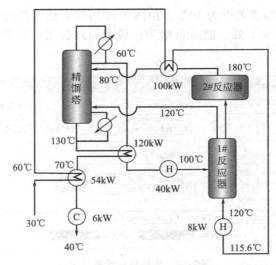

图 7-26　改造设计后的换热网络

② 在 **Process Streams** 页面依次输入四股物流的进、出口温度以及热容流率，如图 7-27 所示。

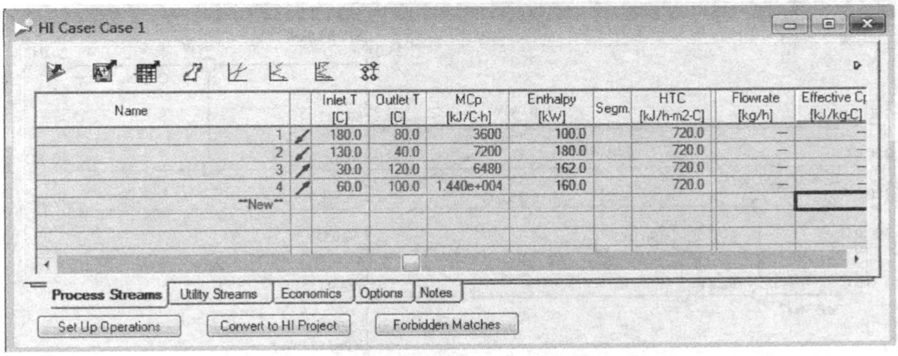

图 7-27　冷热流股物流信息输入

③ 在 **Utility Streams** 页面选择冷、热公用工程物流，此处冷公用工程可选择冷却水（Cooling Water），热公用工程可选择中压蒸汽（MP Steam），如图 7-28 所示。

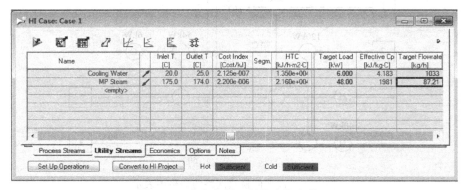

图 7-28　冷热公用工程物流信息输入

④ 点击⚡，将最小温度差设为 10℃。由图 7-29 可知，此换热网络的夹点位置在热物流温度 70℃、冷物流温度 60℃处。能量目标为：最小加热公用工程为 48kW，最小冷却公用工程为 6kW。

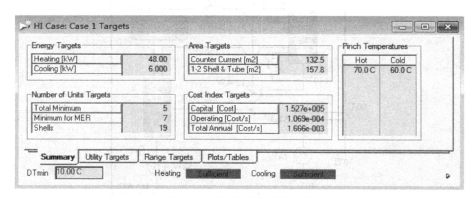

图 7-29　换热目标计算结果

⑤ 点击🔧，进行换热网络设计。由图 7-30 可知，夹点之上没有冷却器，夹点之下没有加热器，但物流 1 和物流 3 发生了跨夹点传热，能量利用不合理。

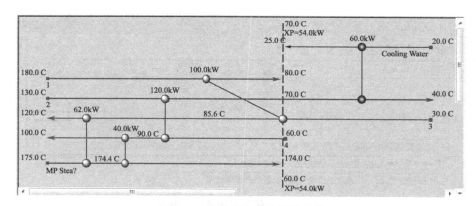

图 7-30　初步换热网络计算结果

⑥ 应用夹点设计原则进行改造，优化后的换热网络如图 7-31 所示。

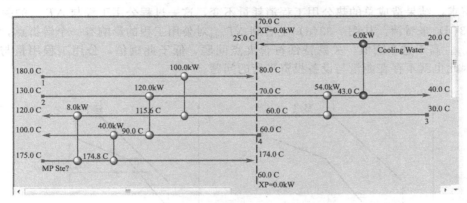

图 7-31　换热网络优化结果

7.6.2　禁止匹配与强制匹配

在实际工程设计中，考虑到腐蚀、操作安全、操作方便等特殊问题，可能会禁止某些物流间的匹配或强制进行某些物流间的匹配。在进行换热网络设计时，这些限制有时会影响能量的回收。如图 7-32 所示的物流，图 7-32(a) 中热物流 H1、H2 的品位高于冷物流 C1、C2，如果禁止或强制匹配，可能不会增加外加热量消耗，但如果如图 7-32(b) 所示，热物流 H2 的品位低于冷物流 C1，当禁止热物流 H1 与冷物流 C1 匹配时，可能要增加外加热量。再比如，前面提到的老厂改造例题，当要求保留原有设备时，夹点之下仍能找到满足最小能量消耗的方案，因此强制匹配不会影响能量回收。

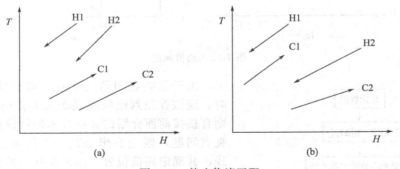

图 7-32　禁止物流匹配

总之，对于存在禁止或强制匹配的问题，应该先找出满足最小公用工程消耗的方案，然后检查增加的限制是否会影响能量回收，影响的程度有多大，是否存在解决方案。

7.6.3　阈值问题

利用冷、热物流组合曲线的平移可以确定夹点位置，由此还可以计算最小公用工程消耗。但在实际问题中，并不是所有的问题都存在夹点。

从前面对夹点问题的说明可以看出，夹点问题的冷、热公用工程消耗随 ΔT_{min} 单调变化，且二者呈平行关系 [见图 7-20(a)]。即使 ΔT_{min} 为 0，这种平行关系也不变。夹点问题存在能量与设备投资的平衡，需要考虑 ΔT_{min} 的选择。

不存在夹点的问题称为非夹点问题，它的特性可用图 7-33 来表示。图 7-33(a) 表示的系统既需要蒸汽也需要冷却水。将组合曲线平移，冷公用工程用量会随着 ΔT_{min} 的减小而消失，继续减小 $\Delta T_{\min}$，高端的蒸汽用量会继续减少，如图 7-33(c) 所示，在低端却出现了对蒸汽的需求，结果造成总的热公用工程消耗量不变，这一过程公用工程与 $\Delta T_{\min}$ 的关系可通过图 7-33(d) 来看清。从图 7-33(d) 上看到 $\Delta T_{\min}$ 对公用工程的影响有一个转折点，称为阈值 ΔT_{thres}。高于这个阈值，关系特性符合夹点问题，低于此阈值，公用工程用量与 $\Delta T_{\min}$ 无关，因此也就不存在能量与设备投资平衡的问题。

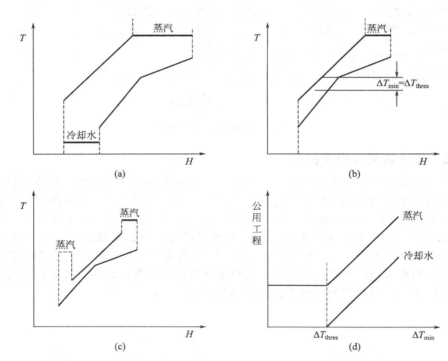

图 7-33　阈值问题

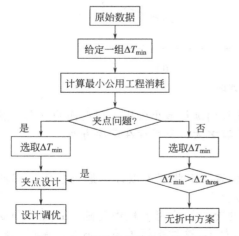

图 7-34　实际换热网络设计步骤

由于非夹点问题的存在，进行实际项目设计时，应该首先判断问题是否为夹点问题。如果是，则直接按前面介绍的夹点技术进行设计；如果为非夹点问题，则应找出 $\Delta T_{\min}$ 与公用工程的关系曲线，并确定阈值位置。如果实际要求的 $\Delta T_{\min}$ 高于阈值，则仍可运用夹点技术进行设计，并进行能量与设备数的调优，如果实际要求的 $\Delta T_{\min}$ 低于阈值，则不能进行能量与换热设备数的权衡。此过程可用图 7-34 的流程图表示。

【例 7-9】　对于下列物流，试计算作为最小温差函数的最小公用工程目标。

解　对 $\Delta T_{\min}=10℃$，用问题表法，如图 7-35 (a) 所示，没有夹点存在。此时冷公用工程的需要量为 46kW。当随着 $\Delta T_{\min}$ 的增加重复上述分析时，对 $\Delta T_{\min}>100℃$，将有夹点存在，如图 7-35(b) $\Delta T_{\min}=105℃$ 时的数据。图 7-36 表示当 $\Delta T_{\min}=\Delta T_{\text{thres}}$ 时夹点出现。因为对

$\Delta T_{min} < \Delta T_{thres}$，不需要热公用工程，这时冷公用工程的需要量恒定为 46kW。当投资费用因 ΔT_{min} 减小而增加时，没有能量被节约。

物流	$T^s/℃$	$T^t/℃$	$CP/(kW/℃)$	Q/kW
H1	300	200	1.5	150
H2	300	250	2	100
C1	30	200	1.2	204

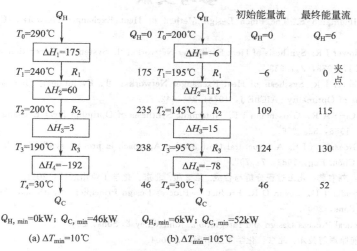

图 7-35 例7-9 的温度区间能量衡算

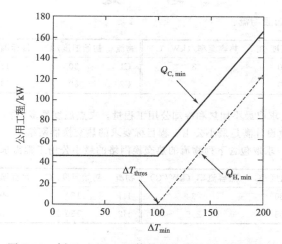

图 7-36 例 7-9 ΔT_{min} 函数的最小冷公用工程需求量

本章小结

在选定了换热网络的最小允许传热温度差 ΔT_{min} 时，应用问题表法和组合曲线法，在没有设计换热网络之前，就能计算出最小公用工程用量，并确定出夹点。换热网络综合可分解为夹点热侧和夹点冷侧两个子网络。在夹点处热物流与冷物流的匹配需遵守物流数目准则、热容流率不等式准则和最大热负荷准则，当前两个准则不满足时，需进行流股的分割。换热网络的优化可利用热负荷回路和热负荷路径转移负荷，以消除热负荷量小的换热器，达到减少换热器数目的目的。这样做一般以增加公用工程用量为代价，若将总费用（投资成本＋操作成本）作为优化的目标，则可以找到权衡投资成本与操作费用的最优解。应用夹点设计的原则可对现有换热网络进行分析，找到能量使用不合理的环节，并指导改造设计。

参考文献

[1] Linnhoff B, Hindmarsh E. The Pinch Design Method of Heat Exchanger Networks. Chem Eng Sci, 1983, 38: 745.

[2] Linnhoff B, Flower J R. Synthesis of Heat Exchanger Networks: I. Systematic Generation of Energy Optimal Networks. AIChE J, 1978, 24: 633.

[3] Linnhoff B, Flower J R. Systhesis of Heat Exchanger Networks: II. Evolutionary Generation of Networks with Various Criteria of Optimality. AIChE J, 1978, 24: 642.

[4] Floudas C A, Ciric A R, Grossmann I E. Automatic Synthesis of Optimum Heat Exchanger Network Configuration. AIChE J, 1986, 32: 276.

[5] Papoulias S, Grossmann I E. A Structural Optimization Approach in process synthesis—II: Heat Recovery Network. Comput Chem Eng, 1983, 7: 707.

[6] 张卫东，孙巍，刘君腾. 化工过程分析与合成. 第2版. 北京：化学工业出版社，2011.

[7] Seider W D, Seider J D, Lewin D R. Product & Process Design Principles: Synthesis, Analysis and Evaluation. John Wiley & Sons, 2003.

[8] Smith R. Chemical Process Design and Integration. John Wiley & Sons, 2005.

[9] 冯霄. 化工节能原理与技术. 北京：化学工业出版社，2004.

习　题

7-1　有需要冷却或加热的四股物流：

物流	初始温度/℃	目标温度/℃	热容流率/(kW/℃)	物流	初始温度/℃	目标温度/℃	热容流率/(kW/℃)
H1	180	60	3	C1	30	135	2
H2	150	30	1	C2	80	140	5

（1）对 $\Delta T_{\min}=10℃$，求取最小加热和冷却公用工程量。夹点温度是多少？

（2）在夹点热侧和冷侧设计满足最小公用工程目标要求的热交换器网络。

7-2　（1）对 $\Delta T_{\min}=10℃$，求取包含下列物流的热交换网络的最小公用工程需求量；

物流	初始温度/℃	目标温度/℃	热容流率/(kW/℃)	物流	初始温度/℃	目标温度/℃	热容流率/(kW/℃)
C1	60	180	3	H1	180	40	2
C2	30	105	2.6	H2	150	40	4

（2）对下列物流重做（1）；

物流	初始温度/℃	目标温度/℃	热容流率/(kW/℃)	物流	初始温度/℃	目标温度/℃	热容流率/(kW/℃)
C1	100	430	1.6	H1	440	150	2.8
C2	180	350	3.27	H2	520	300	2.38
C3	200	400	2.6	H3	390	150	3.36

（3）对（1）和（2）设计公用工程需求量最小的换热网络。

7-3　对 $\Delta T_{\min}=20℃$，在四股物流间进行热量交换，建议采用图7-37中的换热网络。确定该网络是否具有最小的公用工程需求量。如不具有，设计一个具有最小公用工程需求量的网络。作为另一种选择，设计一个热交换器数最少的网络。

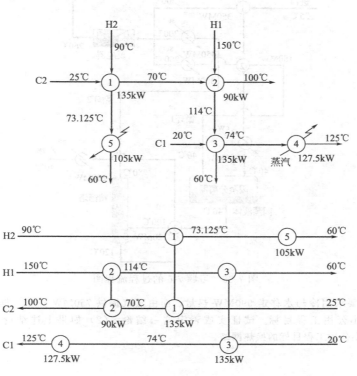

图 7-37 换热网络

7-4 考虑下表的加热和冷却要求，用 $\Delta T_{\min} = 30℃$，设计一个换热网络。（1）求取最小公用工程目标。（2）在夹点以下设计一个满足最小公用工程目标的热交换器网络。

物流	初始温度/℃	目标温度/℃	热容流率/(kW/℃)	物流	初始温度/℃	目标温度/℃	热容流率/(kW/℃)
H1	525	300	2	H3	475	300	3
H2	500	375	4	C1	275	500	6

7-5 下表为一个热回收网络设计问题的工艺流股数据。对这些数据进行问题表分析表明，在最小允许传热温差等于 20℃ 的情况下，该问题的最小热公用工程需求量为 15MW；最小冷公用工程需求量为 26MW。分析也揭示了夹点位置，热流股夹点温度为 120℃，冷流股夹点温度为 100℃。试设计一个采用最小单元数实现最大能量回收目标的换热网络。

物流	初始温度/℃	目标温度/℃	热容流率/(MW/℃)	物流	初始温度/℃	目标温度/℃	热容流率/(MW/℃)
H1	400	60	0.3	C1	20	160	0.4
H2	210	40	0.5	C2	100	300	0.6

7-6 考虑图 7-38 所示的过程流程图，图中每个热交换器负荷的单位为 MW，目标物流温度如下表。

物 流	$T^s/℃$	$T^t/℃$	物 流	$T^s/℃$	$T^t/℃$
进料	25	200	闪蒸液体	40	100
出口物流	200	40	循环流 2	50	200
循环流 1	40	200	产物	120	40

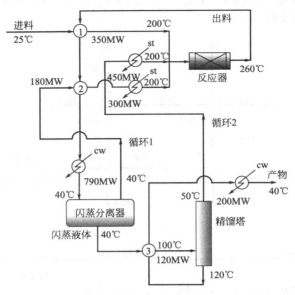

图 7-38　习题 7-6 的过程流程图

问：（1）流程要求用冷却水移走 990MW 热量，而由蒸汽提供 750MW 热量。据称该设计没有满足 $\Delta T_{min}=10℃$ 的最小公用工程目标。试证实或否定这一结论。（2）如果上述结论被证实，设计满足 $\Delta T_{min}=10℃$ 的最小公用工程目标的换热网络。

8 能量集成

化工过程一般由工艺过程、换热网络和公用工程三个子系统构成。能量集成是将这三个子系统作为一个整体看待，从全局出发分析各个子系统之间的能量供给与需求关系，通过协调各个子系统，合理匹配能量的供求关系，使整个系统的能量利用率达到最大，能量消耗达到最小。

本章讨论的能量集成，主要包括：①公用工程与过程系统的能量集成；②蒸馏过程与过程系统的能量集成；③全局能量集成。

8.1 公用工程与过程系统的能量集成

公用工程系统是向过程系统提供动力、热等能量的子系统，包括比较简单的蒸汽、冷却水和复杂的热机、热泵系统，下面分别介绍它们与过程系统的能量集成。

8.1.1 公用工程的配置[1]

在换热网络达到最大热回收后，那些不能通过热回收来满足的加热负荷和冷却负荷就只能由外界的公用工程提供。公用工程有多种，最常用的热公用工程为加热蒸汽，它通常分为多个等级。更高温度的加热负荷需要燃炉烟气或热油回路。冷公用工程可以是冷冻剂、冷却水、空气、燃炉空气预热、锅炉给水预热，甚至可能是蒸汽发生（较高温位）等。

虽然组合曲线能用于确定能量目标，但它不适合公用工程配置。而利用总组合曲线可以方便地进行公用工程的配置。

构造总组合曲线的方法是把问题表格级联作成图，即以热级联图中各温区边界上的温度与对应的热通量的点连接而成。图 8-1 所示为一条典型的总组合曲线，它表示了温位与热通量之间的关系，夹点之上的总组合曲线表示需外界加热的热量与温位的关系，夹点之下的总组合曲线表示需外界冷却的热量与温位的关系。

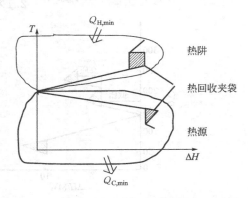

图 8-1　总组合曲线

图 8-1 中总组合曲线上热流率为 0 的点就是夹点。夹点之上为热阱，其上总组合曲线终点的焓值为最小热公用工程 $Q_{H,min}$，夹点之下为热源，其下总组合曲线终点的焓值为最小冷公用工程 $Q_{C,min}$。图中的阴影区域可称为"夹袋"，表示了额外的过程与过程间的传热。

用总组合曲线可以方便地进行公用工程的配置，图 8-2 为同一条总组合曲线，但图 8-2(a)热公用工程为两个不同等级的饱和蒸汽，而图 8-2(b) 的热公用工程为热油。

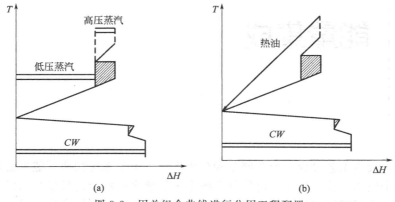

图 8-2　用总组合曲线进行公用工程配置

【例 8-1】　对表 7-1 的过程，已通过问题表得到了级联图 7-2，取 $\Delta T_{\min}=10℃$，试用总组合曲线解决以下问题。

（1）热公用工程为温位 240℃ 和 180℃ 的饱和蒸汽，确定当低压蒸汽最大限度利用时，两个等级蒸汽的热负荷。（2）采用初始温度 280℃、$c_p=2.1\text{kJ}/(\text{kg}\cdot\text{K})$ 的热油代替蒸汽，试计算热油所需的最小流率。

解　（1）两蒸汽等级分别标绘在总组合曲线温度为 230℃ 和 170℃ 处。图 8-3（a）所示为最大限度利用低压蒸汽时两个蒸汽等级的热负荷。低压蒸汽负荷可由热流率级联图内插得到。当 $T=170℃$ 时

$$180℃蒸汽的热负荷=\frac{170-140}{180-140}\times4=3\text{MW}$$

$$240℃蒸汽的热负荷=7.5-3=4.5\text{MW}$$

（2）如图 8-3（b）所示，要使所需热油流率为最小，则应使斜率最陡并使热油回归温度最小。热油的最小回归温度为夹点温度，即 140℃，热油的回归温度应为 150℃。所以

$$最小流率=\frac{7.5\times10^3}{2.1\times(280-150)}=27.5\text{kg/s}$$

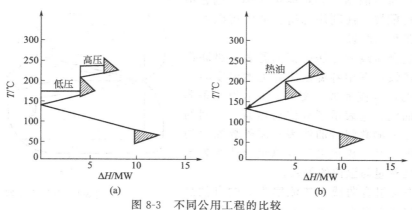

图 8-3　不同公用工程的比较

8.1.2　热机、热泵与过程系统的集成[2,3]

8.1.2.1　热机、热泵的热集成特性

利用热能产生动力的装置称作热机。利用动力提供一定温度（不同于环境）的热（冷）

能的装置称为热泵（冰机），如图 8-4 所示。简单的热机是从温度为 T_1 的热源吸收热量 Q_1，向温度为 T_2 的热阱排放热量 Q_2，产生功 W。热泵与热机的操作方向相反，它从温度为 T_2 的热源吸收热量 Q_2，向温度为 T_1 的热阱排放热量 Q_1，同时消耗功 W。

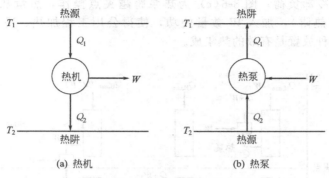

(a) 热机　　　　　　　　　　　(b) 热泵

图 8-4　热机和热泵

8.1.2.2　热机、热泵在系统中的合理放置

热机、热泵与系统的集成有两种可能的方式：即热机、热泵跨越夹点的集成，不跨越夹点的集成。

① 热机的合理放置　热机相对于夹点的不同位置放置如图 8-5 所示。背景过程可以简单地表示为由夹点划分的一个热阱和一个热源。图 8-5(a) 表示热机放置在夹点上方，热机从热源吸收热量 Q，向外做功 W，排放热量 $Q-W=Q_{H,min}$。这相当于从热源吸收热量 Q 中的 $(Q-Q_{H,min})$ 部分 100% 转变为功，比单独使用热机的效率高得多，所以该热机的放置是有效的热集成。图 8-5(b) 表示热机从高温热源吸收热量做功，但排出流股的温度低于夹点温度，排出的热量 $(Q-W)$ 加到夹点下方，增加了公用工程冷却负荷，这样放置热机与热机单独操作一样，不能得到热集成的效果。图 8-5(c) 表示热机回收夹点下方的热量，可以认为热转变为功的效率也是 100%，减少了公用工程冷却负荷，也是有效的热集成。

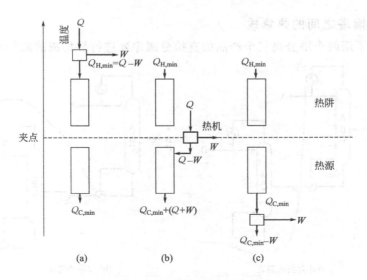

(a)　　　　　　　(b)　　　　　　　(c)

图 8-5　热机在过程系统中的放置

② 热泵的合理放置　热泵相对于夹点的不同位置放置如图 8-6 所示。其中图 8-6（a）表示热泵完全放置在夹点上方操作，相当于用功 W 替换 W 数量的公用工程加热负荷，这是不值得的；图 8-6（b）为热泵完全放置在夹点下方操作，使得 W 数量的功变成废热排出，反而增加了公用工程冷却负荷；图 8-6（c）为热泵跨越夹点操作，热量从夹点下方（热源）传递到夹点上方（热阱），加入 W 数量的功，使得公用工程加热、冷却负荷分别减少了 $(Q+W)$ 及 Q，这种放置是有效的热集成。

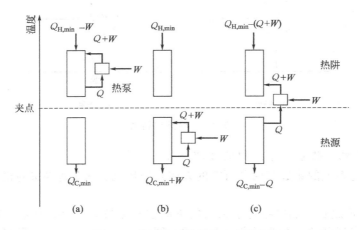

图 8-6　热泵在过程系统中的放置

8.2　蒸馏过程与过程系统的能量集成[1]

蒸馏是过程工业中最耗能量的过程之一，仅就一个单独的蒸馏操作本身来讲，能够采取的节能措施是有限的，但把蒸馏过程与全系统一同考虑时，却能产生较为明显的节能效果。

8.2.1　蒸馏塔之间的热集成

图 8-7 显示了用两个塔分离三个产品的直接分离序列进行热集成的两种可能的方案。

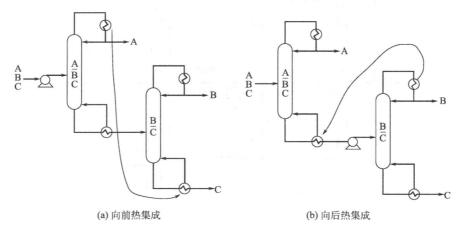

（a）向前热集成　　　　　　　　　　　（b）向后热集成

图 8-7　两个简单蒸馏塔序列的热集成

在图 8-7(a) 中，增加第一个塔的压力以使第一个塔的冷凝器能够为第二个塔的再沸器提供热量，这称为向前热集成。在图 8-7(b) 中，增加第二个塔的压力以使第二个塔的冷凝器能够为第一个塔的再沸器提供热量，这称为向后热集成。两种方案将使得热量的需求显著减少。

【例 8-2】 对图 8-7 所示的直接蒸馏序列，分析两个塔之间进行热集成的可能性。需要选择两个塔的操作压力以达到热回收的目的，塔 1 和塔 2 在几个压力水平的数据见表 8-1 和表 8-2。

表 8-1 塔 1 的数据

p/bar	T_{COND}/℃	T_{REB}/℃	Q_{COND}/kW	Q_{REB}/kW	p/bar	T_{COND}/℃	T_{REB}/℃	Q_{COND}/kW	Q_{REB}/kW
1	90	120	3000	3000	3	140	170	4000	4000
2	130	160	3600	3600	4	160	190	4300	4300

表 8-2 塔 2 的数据

p/bar	T_{COND}/℃	T_{REB}/℃	Q_{COND}/kW	Q_{REB}/kW	p/bar	T_{COND}/℃	T_{REB}/℃	Q_{COND}/kW	Q_{REB}/kW
1	110	130	5500	5500	4	163	190	6500	6500
2	130	153	6000	6000	5	170	200	6600	6600
3	150	175	6300	6300					

再沸器可得到 200℃ 的中压蒸汽，冷却水可得，并在 30℃ 返回到冷却塔。假设热传递的最小允许温度差是 10℃，分别在下面的情况下，分析热集成的可行性，并确定最少的公用工程需求。(1) 两个塔在 1bar❶ 下操作；(2) 向前热集成；(3) 向后热集成。

解 (1) 如果 $T_{COND} \geqslant T_{REB} + \Delta T_{min}$，冷凝器与再沸器之间的热集成可行，从表 8-1 和表 8-2 看出，当两个塔在 1bar 压力下操作时，不能进行热集成。公用工程需求为

$$Q_{H,min} = 3000kW + 5500kW = 8500kW$$
$$Q_{C,min} = 3000kW + 5500kW = 8500kW$$

(2) 通过增加塔 1 的压力进行向前热集成，由于随着压力的增加热负荷也增加，所以应尽可能在较低的压力下操作，这样，塔 2 保持在 1bar 下操作，再沸器的温度为 130℃，这意味着塔 1 的最低冷凝温度是 140℃，这相当于 3bar 的压力。从表 8-1 和表 8-2 得

$$Q_{H,min} = 4000kW + (5500 - 4000)kW = 5500kW$$
$$Q_{C,min} = 0 + 5500kW = 5500kW$$

(3) 作向后热集成，此时，选择的合适操作压力对塔 1 是 1bar、塔 2 是 2bar，从表 8-1 和表 8-2 得

$$Q_{H,min} = 0 + 6000kW = 6000kW$$
$$Q_{C,min} = 3000kW + (6000 - 3000)kW = 6000kW$$

从上述结果得知，选择向前热集成，即塔 1 在 3bar、塔 2 在 1bar 压力下操作，能使公用工程成本达到最少。

8.2.2 蒸馏系统与全过程的热集成

8.2.2.1 蒸馏塔的适宜放置

蒸馏塔与过程系统的热集成，主要是用再沸器和冷凝器负荷进行集成，假定再沸和冷凝

---

❶ 1bar=10⁵Pa，余同。

过程均发生在恒定温度下，热负荷主要来源于再沸器和冷凝器中的潜热变化。蒸馏塔与过程系统能否进行热集成取决于蒸馏塔与过程夹点的相对位置，有以下三种可能的情况：①蒸馏塔穿过夹点；②蒸馏塔在夹点上方；③蒸馏塔在夹点下方。

情况①见图 8-8(a)，该蒸馏塔的再沸器从过程系统的夹点上方取热 Q_{REB}，而冷凝器把热量 Q_{COND} 排放到夹点下方。因为夹点上方的过程热阱原本需要至少 $Q_{H,min}$ 热量来弥补该子系统的热量不平衡，现由于移给再沸器 Q_{REB} 热量，因此还必须再从热公用工程中引进额外热量来补偿 Q_{REB}。在夹点下方，工艺过程原本需排放热量 $Q_{C,min}$，集成后，还要从冷凝器中再移走一个额外的热负荷 Q_{COND}。针对这种集成，如果只考虑蒸馏塔，可能认为再沸器已经节省了能量。但是，只要考虑整个情况，就将清楚地发现热集成后全系统需要的热量为 $(Q_{H,min}+Q_{REB})$，冷量为 $(Q_{C,min}+Q_{COND})$，很显然，这与不进行热集成时相同，也就是说热量通过蒸馏塔跨越夹点传递，使过程的冷、热公用工程消耗量都不得不相应地增加。因此蒸馏塔跨越夹点集成，基本上不会带来节省能量的效果。

情况②见图 8-8(b)，再沸器从过程系统取走 Q_{REB} 热量，冷凝器把 Q_{COND} 热量排放到过程系统夹点上方，热公用工程消耗量的改变量为 $(Q_{REB}-Q_{COND})$，冷公用工程消耗量没有变化。热集成后全系统需要的热量为 $(Q_{H,min}+Q_{REB}-Q_{COND})$，冷量为 $(Q_{C,min})$，这样，如果 $Q_{REB}=Q_{COND}$，热公用工程消耗量即为 $Q_{H,min}$，因而运行蒸馏塔不需要额外的热公用工程，这是有效的热集成。也可以说，蒸馏塔可以看作是由工艺过程"免费驱动的"。

情况③表示了蒸馏塔在过程系统夹点下方的热集成。这种情况下，热公用工程消耗量没有变化，而冷公用工程消耗量改变了 $(Q_{COND}-Q_{REB})$。若再次假定 Q_{REB} 和 Q_{COND} 有相近的数值，所得结论类似于夹点上方热集成。

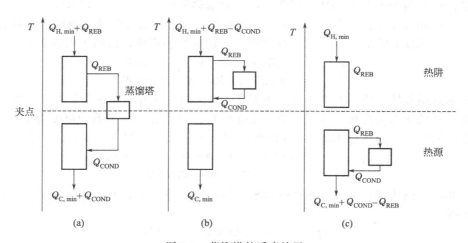

图 8-8　蒸馏塔的适当放置

从上述讨论可得出蒸馏塔与工艺过程集成的基本原则：蒸馏塔与过程系统热集成时，不能使蒸馏塔穿过系统的夹点，蒸馏塔完全放在过程系统夹点上方或夹点下方都是有效的。

实际上，如果再沸器和冷凝器都与过程系统集成，则可能会给塔的开车和控制带来困难。但是，当更加深入考虑集成时，则可以清楚地发现，再沸器和冷凝器并不一定都要与过程集成。在夹点上方，再沸器可以直接从热公用工程获得热量而使冷凝器在夹点上方集成。此时，整个公用工程消耗将与图 8-8(b) 所示相同。在夹点下方，冷凝器可以直接从冷公用工程中获得冷量而使再沸器在夹点下方集成，这样整个公用工程消耗将与图 8-8(c) 所示相同。

8.2.2.2 应用总组合曲线集成蒸馏塔

蒸馏塔适宜放置原则提供了蒸馏塔与过程系统进行集成的基本原则，在实际应用时还必须定量确定工艺过程提供或接受所要求热负荷的能力，为此可以应用总组合曲线以确定过程系统的总的热源和热阱提供情况。总组合曲线将包含所有的过程加热和冷却负荷，其中也包括了蒸馏塔的进料加热和产品冷却负荷，但不包括再沸器和冷凝器的负荷。

如图 8-9 所示为一条过程系统的总组合曲线，以及蒸馏塔再沸器和冷凝器负荷与过程总组合曲线的匹配情况。根所上节所述蒸馏塔与工艺过程集成的基本原则，图 8-9 中两个蒸馏塔都没有适宜放置：图 8-9（a）中的塔明显跨越夹点，图 8-9（b）中，尽管再沸器和冷凝器都在夹点上方，但蒸馏塔的冷凝器距夹点很近，只能提供部分能量给工艺过程，大量冷却负荷依然需要公用工程来移除。与此相对，图 8-10 中的两种匹配都是适宜的，图 8-10（a）中整个蒸馏塔位于夹点上方，此时，再沸器负荷可由热公用工程提供，而冷凝器的热负荷可与工艺过程集成。图 8-10（b）中蒸馏塔完全位于夹点下方，此时，其再沸器负荷可由工艺过程来提供。冷凝器的部分负荷可与过程系统集成，其余热量由冷公用工程带走。

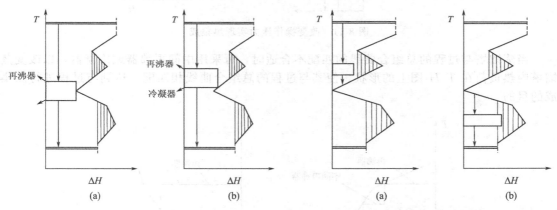

图 8-9 蒸馏塔与总组合曲线的不适匹配   图 8-10 蒸馏塔与总组合曲线的合适匹配

8.2.2.3 优化调整蒸馏塔以适应热集成

（1）调整塔压

如果一个蒸馏塔被不适宜地跨越夹点放置，则可以改变塔压以实现适宜匹配，例如通过提高塔压将其提升到夹点上方，那么作为热源的冷凝流股将从夹点下方提升到夹点上方，而接收热量的再沸流股仍位于夹点上方。或者通过降低塔压将其移到夹点下方，那么接收热量的再沸流股将从夹点上方转移到夹点下方，而冷凝器的流股仍位于夹点下方。当然，由于压力变化，蒸馏塔再沸器和冷凝器的温位会发生变化，而且两个温位之间的差值也改变了。这也将影响相对挥发度。同时，压力的变化也影响蒸馏塔进料和产品流股的加热及冷却负荷，这些流股通常包括在过程系统中。因此，理论上总组合曲线的形状也将随着塔压的变化而改变。事实上，在大多数过程中这些影响很可能不会太大，这是因为与冷凝器和再沸器中的潜热变化相比，所涉及的显热变化是较小的。

（2）调整塔结构

无论在夹点上方还是在夹点下方，蒸馏塔都不能适宜匹配，则需要考虑其他设计方案。一个可行方案是采用图 8-11 所示的双效蒸馏塔。塔进料分为两个流股，分别进入两个并行的蒸馏塔。增加第二个塔的压力，可使它在夹点的上方，降低第一个塔的压力，可使它在夹点的下方，这样可达到热集成的目的。显而易见，这样一个流程的投资费用将高于单塔费用，可在项目生命周期内对设备改造投资费用与操作费用做经济分析，如果情况有利，则可以采用改造方案。

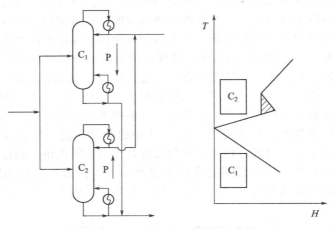

图 8-11　改变操作压力实现热集成

当蒸馏塔与过程的总组合曲线的匹配不合适时，可采用中间再沸器或冷凝器，以改变蒸馏塔内热负荷在 $T\text{-}H$ 图上的形状，使其与过程的总组合曲线相匹配，达到与过程进行热集成的目的。

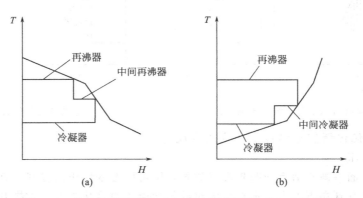

图 8-12　具有中间再沸器（a）和中间冷凝器（b）的蒸馏塔

如图 8-12（a）所示，采用中间再沸器，改变了塔中热负荷在 $T\text{-}H$ 图上的形状，使它能够与过程的总组合曲线相匹配，在这样的情况下，有可能利用较低温位的热源于中间再沸器。

采用中间冷凝器，也能改变塔中热负荷在 $T\text{-}H$ 图上的形状，见图 8-12（b），这有可能将较高温位的热量排放到过程系统，予以回收利用。

8.3　全局能量集成[4]

所谓全局是指由多个生产过程和公用工程系统构成的一个集合体，如图 8-13 所示。公用工程系统在中心锅炉消耗燃料，通过几个管网提供过程系统必需的蒸汽，同时产生动力，一些过程通过局部锅炉消耗燃料产生蒸汽，同时需要动力。一些过程也能通过废热锅炉产生蒸汽，并入同等级的蒸汽管网。整个系统的动力输入或输出取决于相关范围的全局的总动力需求和总的热电联产。在全局中燃料和动力通常是主要的能量费用。

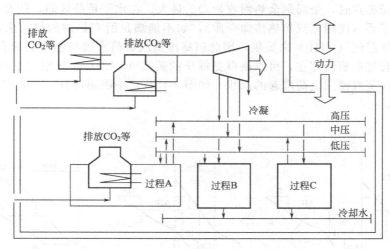

图 8-13　全局系统

从图 8-13 可以看到，每个过程都以产生和（或）使用不同压力等级的蒸汽与公用工程系统相互联系，而过程之间通过蒸汽管网相互联系。对于这样一个复杂的系统，当考虑节省能量时，如果我们简单地改进各个过程的能量利用率，在很多情况下，并不一定能节省公用工程。当从全局考虑各个过程之间以及与公用工程之间的相互影响、能量的产生和消耗的供需关系时，就能获得投资需求最少或能量使用最少的设计方案。

8.3.1　全局系统热回收目标

当我们从全局考虑将多个过程与公用工程系统进行集成时，一个自然的问题是：全局系统的热回收目标是多少？搞清楚这个问题对于设计改造是非常重要的。

考虑如图 8-14 所示的两个过程系统，由于两个过程各自夹点的温位不同，可用第二个过程的热源去加热第一个过程的热阱。通过这两个过程的集成，第一个过程的热公用工程减少了 Q_T，而第二个过程的冷公用工程减少了 Q_T。

为了进行各工艺过程之间及其与公用工程系统的能量集成，可以进一步将各工艺过程总组合曲线上表示的热阱和热源分别组合到一起，得到全局过程系统和公用工程系统相关的全局温焓曲线，如图 8-15(a) 所示，它包括全局热源线和全局热阱线。

全局温焓曲线可以表明热源部分的剩余热量和热阱部分的需求热量。如果各过程之间允许直接进行换热，则全局热阱曲线和全局热源曲线通过横向平移可以找到新的夹点，从而减少冷、热公用工程耗量。但实际装置之间从可

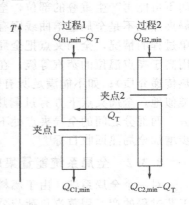

图 8-14　利用夹点温位不同
进行两个过程的热集成

控性和可操作性上考虑，往往不能直接换热，因此，可考虑用热源部分产生高压、中压、中间等级、低压（HP、MP、IP、LP）蒸汽，而热阱部分采用相应蒸汽加热。图 8-15(a) 中折线为蒸汽系统分布线。将全局热阱曲线向左平移，用热源的产汽作为热阱的加热用汽，使

全局温焓曲线相互接近，如图 8-15（b）所示，曲线水平投影重叠部分表示全局工艺过程通过公用工程系统的热回收量 Q_{rec}。图 8-15（c）表示全局温焓曲线进一步移动，使局部公用工程负荷线相连而阻止进一步移动产生重叠的可能，得到全局组合曲线。联结部位即为全局夹点，当形成全局夹点时，全局剩余热回收量 Q_{rec} 最大。在水平重叠区间，所有热源都用来满足热阱的加热需要（使用蒸汽作热传递介质），如不能满足所有热阱的热需求，就必须消耗燃料产生超高压蒸汽（VHP）来提供，因此超高压蒸汽负荷直接与燃料需求有关。类似地，全局夹点下方有过剩蒸汽存在，可以获得更低压的蒸汽（VLP）和放空或是用冷却水冷却。蒸汽产生负荷和蒸汽使用负荷围起的面积［如图 8-15（c）中阴影部分］与公用工程系统联产功大小成正比。

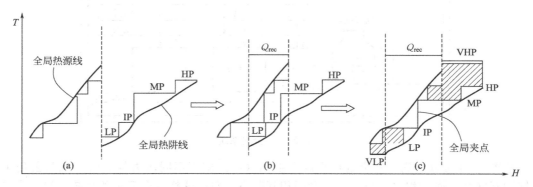

图 8-15　全局组合曲线与全局夹点

　　总之，由全局组合曲线及其全局夹点可以确定：全局热回收目标；与 VHP 负荷成正比的燃料消耗量；与图 8-15（c）中阴影面积成正比的联产功大小；通过蒸汽回收的工艺过程剩余热量。

　　同过程夹点一样，全局夹点表示了全局热回收的瓶颈。在全局中，热量的传递是通过蒸汽管网实现的，因此，全局夹点不是全局冷、热温焓曲线相切的部位，而是位于公用工程之间不可能再产生重叠的部位，全局夹点的位置可通过选择不同的蒸汽等级和温位来改变。全局夹点也不是全局温焓曲线固有的特征，它取决于公用工程的选择。尽管如此，类似于一个单过程的情况，全局夹点把全局组合曲线分成两部分，全局夹点上方的所有工艺过程均应使用高于夹点温位的蒸汽等级。在此区间，所有热源都用来满足热阱的加热需要（使用蒸汽做热传递介质）；如不能满足所有热阱的热需求，就必须消耗燃料产生超高压蒸汽（VHP）。类似地，全局夹点下方有过剩热存在，就需要产生一定量的低压蒸汽外供或使用冷却水除去。两部分之间的全局夹点处不能有热量传递。因此，对蒸汽等级数和温位进行优化可进一步增加全局热回收目标[5]。

8.3.2　全局系统能量集成的加/减原则[6]

　　对一个全局系统，由于燃料和联产功是影响全局费用的主要因素，所以找到全局中各个工艺过程的产、用蒸汽负荷与公用工程系统的燃料消耗、联产功之间的关系是非常重要的。下面介绍的加/减原则将揭示它们之间的关系。

　　首先分析由于工艺过程或公用工程改进，使全局热阱需求蒸汽减少的情况，如图 8-16 所示，为了清晰起见，省略了全局组合曲线上的温焓曲线，只表示出了蒸汽负荷线。当在全局夹点之上热阱蒸汽需求减少时，如图 8-16（a）所示，则 VHP 蒸汽负荷减少相同的量，由于 VHP 蒸汽负荷直接与燃料需求有关，结果是燃料减少。同时，联产功减少，用没有阴影的面积来表示。当在全局夹点之下热阱蒸汽需求减少时，如图 8-16（b）所示，由于全局夹点下方有过剩蒸汽，热阱蒸汽需求减少，结果使蒸汽过剩增加。增加的过剩蒸汽能膨胀到可能的最低蒸汽等级（VLP），增加联产功，用加深的阴影面积表示，对夹点上方的热平衡没有影响，所以燃料消耗没有改变。

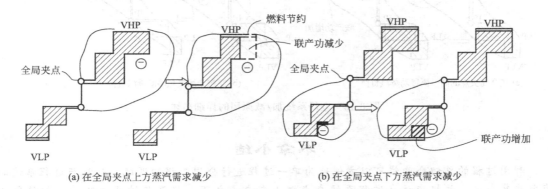

(a) 在全局夹点上方蒸汽需求减少   (b) 在全局夹点下方蒸汽需求减少

图 8-16 热阱需求蒸汽变化与燃料消耗、联产功之间的关系图

图 8-16 得出的结论也适用于由于工艺过程或公用工程改进，使全局热源产生蒸汽增加的情况。

由以上分析可概括出如下原则：在全局夹点之上，任何蒸汽产生增加或蒸汽需求减少将导致燃料消耗减少，同时，联产功减少；在全局夹点之下，任何蒸汽产生增加或蒸汽需求减少将导致联产功增加，而燃料消耗不变。这个原则称为全局系统加/减原则，如图 8-17 所示。

工艺过程改进或消除公用工程的不合理使用也能使原来使用高品位蒸汽加热的热阱改用低品位蒸汽加热满足要求，其蒸汽等级变化表现为蒸汽负荷移动。应用加/减原则来看蒸汽负荷移动对全局燃料消耗与联产功的影响，如图 8-18 所示。当蒸汽负荷移动涉及

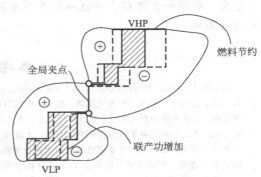

图 8-17 全局系统的加/减原则

的蒸汽等级在全局夹点相同一侧时，如图 8-18（a）所示，全局夹点上方（HP）蒸汽使用有一个"减少"，这减少了燃料消耗。然而全局夹点上方（MP）蒸汽使用也有一个"增加"，这增加了燃料消耗，燃料减少和燃料增加的量相同，所以，全局燃料消耗没有改变，但由于使用低品位蒸汽，联产功增加了，用深色的阴影面积表示。当负荷移动涉及的是形成全局夹点的蒸汽等级时，如图 8-18（b）所示，全局夹点上方（MP）蒸汽有一个"减少"，因此燃料消耗减少。因为燃料消耗减少，也因为全局夹点下方（IP）蒸汽使用"增加"，导致联产功减少（阴影面积减少）。

因此，得出全局加/减原则的另一种表述为：如果蒸汽负荷移动涉及的蒸汽等级在全局夹点相同一侧，则联产功增加；如果蒸汽负荷移动涉及的是形成全局夹点的蒸汽等级，则燃料消耗减少，同时联产功减少。

全局加/减原则为过程系统的设计改造提供了重要的依据，应用这个原则，就能知道工艺过程或公用工程的改进是如何影响燃料消耗和联产功的。

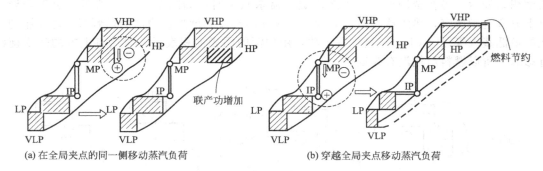

（a）在全局夹点的同一侧移动蒸汽负荷　　　　　（b）穿越全局夹点移动蒸汽负荷

图 8-18　全局系统加/减原则的详细描述

本章小结

利用过程的总组合曲线可以方便地为单一过程进行公用工程的匹配。热机与过程系统的有效热集成是：热机应放在过程系统夹点之上或夹点之下。热泵与过程系统的有效热集成是：热泵应跨越过程系统的夹点放置。当蒸馏与过程系统集成时，蒸馏塔不应跨越过程系统的夹点，应放置在夹点之上或夹点之下，当蒸馏塔的位置放置不合适时，可通过调节操作压力使蒸馏塔移到夹点之上或之下。全局系统能量集成是将多个过程与公用工程作为一个大系统来进行集成，利用全局组合曲线可以确定全局系统热回收目标、燃料消耗和联产功目标。应用全局系统的加减原则，可以确定单个工艺过程和公用工程的改进对全局系统燃料消耗和联产功的影响。

参考文献

［1］　Smith R. Chemical Process Design and Integration. John Wiley & Sons，2005.

［2］　张锁江，张香平. 绿色过程系统集成. 北京：中国石化出版社，2006.

［3］　姚平经. 过程系统分析与综合. 第 2 版. 大连：大连理工大学出版社，2004.

［4］　修乃云. 全局系统能量集成方法研究. 大连：大连理工大学，2000.

［5］　鄢烈祥，罗智，史彬等. 考虑蒸汽温位因素的全集能量集成方法. 华东理工大学学报，2009，35（3）：346-349.

［6］　修乃云，滕虎，尹洪超等. 应用全局夹点分析的加/减原则改善全局能量集成. 高校化学工程学报，2000，14（4）：363-368.

习　　题

8-1　表 8-3 给出的是某个过程的问题表热级联，其中 $\Delta T_{min}＝10℃$。在表 8-4 中给出了不同选择的最小允许温度差。

表 8-3　习题 8-1 问题表热级联

温度区间/℃	热通量/MW	温度区间/℃	热通量/MW	温度区间/℃	热通量/MW	温度区间/℃	热通量/MW
360	9.0	210	4.8	190	0	150	7.6
310	7.6	190	5.8	170	1.0	60	3.0
230	8.0						

表 8-4　不同匹配下的 ΔT_{min}

匹　　配	过程/过程	过程/蒸汽	过程/烟气（加热炉或燃气轮机）
ΔT_{min}/℃	10	10	50

试求：（1）使用加热炉提供热公用工程，计算满足加热需求所需的燃料，该热公用工程理论火焰温度为1800℃，酸露点为150℃。（2）如果（1）中的加热炉与250℃的加热饱和蒸汽联合使用，使得蒸汽的热负荷最大，蒸汽的热负荷和加热炉的热负荷各为多少？

8-2 表8-5为一个过程的问题表级联（$\Delta T_{\min}=20$℃）。下面是可用的公用工程：

表8-5　习题8-2的问题表级联

温度区间/℃	热通量/kW	温度区间/℃	热通量/kW	温度区间/℃	热通量/kW	温度区间/℃	热通量/kW
160	1000	110	1400	80	1300	-10	1900
150	0	100	900	40	1400	-30	2200
130	1100			10	1800		

（1）200℃的中压蒸汽；（2）从60℃的锅炉进水加热到107℃的低压蒸汽；（3）冷却水（20～40℃）；（4）0℃的制冷剂；（5）-40℃的制冷剂。

对于过程和制冷剂的匹配，$\Delta T_{\min}=10$℃。试画出过程总组合曲线并且设定公用工程目标。在夹点以下应最大限度地利用较高温度的冷公用工程。对于锅炉进水，其质量热容为4.2kJ/(kg·K)，汽化潜热为2238kJ/kg。

8-3 两个蒸馏塔的直接蒸馏序列分离出A、B和C三种产物。可选择进料条件和操作压力，以达到最大化热回收的机会。为了简化计算，假定从饱和液体变为饱和蒸汽进料时，冷凝器负荷不发生改变。事实上，这种假定是不成立的，仅为简化计算设定。另外，还假定饱和液体进料的再沸器负荷等于饱和蒸汽进料的再沸器负荷与汽化进料所需的热负荷之和。两个塔的相关数据分别见表8-6和表8-7。

表8-6　塔1的数据

p/bar	T_{COND}/℃	T_{REB}/℃	饱和液体进料		饱和蒸汽进料	
			Q_{COND}/kW	Q_{REB}/kW	T_{FEED}/℃	Q_{FEED}/kW
1	90	130	3000	3000	110	2000
2	110	152	4000	4000	130	1800
3	130	173	5000	5000	150	1600
4	150	195	6000	6000	170	1500

表8-7　塔2的数据

p/bar	T_{COND}/℃	T_{REB}/℃	饱和液体进料		饱和蒸汽进料	
			Q_{COND}/kW	Q_{REB}/kW	T_{FEED}/℃	Q_{FEED}/kW
1	120	140	3000	3000	130	1500
2	140	165	4000	4000	150	1300
2.5	150	178	4500	4500	160	1200

冷却水的回流温度为30℃、年费用为4.5美元/千瓦。低压蒸汽的温度为140℃，年费用为90美元/千瓦。中压蒸汽的温度为200℃，年费用为135美元/千瓦。允许的最小温度差为10℃。试求：（1）所有可能的热集成机会（包括蒸汽的产生以及进料的加热）；（2）通过优化塔的压力，计算向后热集成的最少费用；（3）在保持两塔都是饱和液体进料的前提下，通过优化塔的压力，计算向后热集成的最少费用，但不考虑冷凝器和再沸器之间的热回收；（4）如果两塔的进料均为饱和蒸汽，计算所需的最小公用工程费用，但不考虑冷凝器和再沸器之间的热回收，用上述（2）中的压力；（5）当保持塔的压力为1bar时，重新计算（2）。

8-4 表8-8为一个给定的过程在$\Delta T_{\min}=10$℃条件下由问题表得到的热级联。试求：

表8-8　问题表的热级联流率

间隔温度/℃	热级联流率/MW	间隔温度/℃	热级联流率/MW	间隔温度/℃	热级联流率/MW	间隔温度/℃	热级联流率/MW
295	18.3	185	4.8	85	10.8	35	14.3
285	19.8	145	0	45	12.0		

（1）将甲苯和联苯的混合物分离成为相对纯的产品的蒸馏塔与过程进行热集成。塔的初始操作压力固定在 1.013bar，在这个压力下，甲苯在常温 111℃ 下在塔顶冷凝，联苯在常温 255℃ 下再沸。在 1.013bar 压力下，蒸馏塔与过程的热集成的结果如何？（2）如果蒸馏塔与过程进行热集成，你能建议一个较合适的操作压力吗？再沸器和冷凝器两者的热负荷为 4.0MW，而且假定随压力没有明显的变化。甲苯和联苯的蒸气压用下式计算

$$\ln p_i = A_i - \frac{B_i}{T + C_i}$$

式中，p_i 为蒸气压，bar；T 为热力学温度，K；A_i、B_i 和 C_i 为常数，列在表 8-9 中。应避免真空操作，而且再沸器的温度应尽可能的低以使结垢最小。

表 8-9　蒸汽压常数

组分	A_i	B_i	C_i
甲苯	9.3935	3096.52	−53.67
联苯	10.0630	4602.23	−70.42

（3）画出蒸馏塔与过程进行热集成后总组合曲线的形状图。

9 | 分离序列综合

9.1 引言

几乎所有的化工生产过程都需要分离化学物质,当生产过程包括一个或多个化学反应步骤时,分离操作被用于:①净化反应器进料;②回收没有反应的物质再循环到反应器;③分离和纯化来自反应器的产品。不包括反应步骤的过程可以利用分离操作来分离混合物。通常,分离过程在整个过程的投资和操作费用上占有很大的比重,因此选择最合理的分离方法,确定最优的分离序列,以降低投资和操作费用,是分离序列综合的主要目的。

分离序列综合问题可定义为:给定流股的进料状态(流量、温度、压力和组成),系统化的设计出能从进料中分离出所要求产品的过程,并使总费用(包括设备投资费用和操作费用)最小。

该问题包括分离塔序列的优化和塔的设计优化两个方面,所以,分离序列综合问题是一个混合整数非线性规划问题。

为简化起见,所讨论的分离过程一般只局限于采用简单塔(simple column)进行蒸馏操作的情况。简单塔是指:①一个进料分离为两个产品;②每个组分只出现在一个产品中,即锐分离(sharp separation);③塔底采用再沸器,塔顶采用全凝器。

如果要分离一个三组分的混合物,有两种方案可选择,如图9-1所示。图9-1(a)称为直接序列(direct sequence),轻组分在塔顶逐个引出。图9-1(b)为非直接序列(indirect sequence),重组分在塔底逐个引出。通常直接序列比非直接序列需要的能量少,这是因为轻物质(组分A)在直接序列中仅蒸发一次。可是,如果进料中轻物质(组分A)的流率小

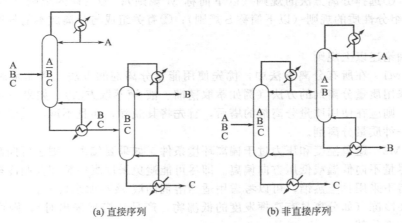

(a) 直接序列　　　　　　　　　　　(b) 非直接序列

图 9-1　简单塔分离三个组分混合物的直接与非直接序列

而重物质（组分 C）流率大，则非直接蒸馏可能更好。在这种情况下，轻物质在非直接序列中蒸发两次比重物质在直接序列中进入两个塔所需的能量少。

三个组分的混合物要分离成三个相对纯的产品，仅有两种候选序列。但随着产品数量的增加，分离序列的数目将随之急剧增加。图 9-2 显示了分离四个组分产品混合物的候选序列，表 9-1 给出了使用简单塔的产品数与可能的分离序列数之间的关系[1]。这样，从相同的混合物分离出相同的产品，可采用许多不同的分离序列，问题是在分离出相同产品的条件下，不同的分离序列在投资费用和操作费用上存在着明显的差别。另外，热集成对操作费用也会有明显的影响。

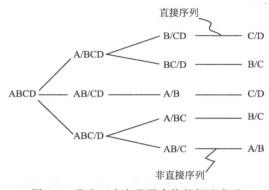

图 9-2　分离四个产品混合物的候选序列

表 9-1　使用简单塔的产品数与可能的分离序列数

产品数	可能的序列数	产品数	可能的序列数	产品数	可能的序列数	产品数	可能的序列数
2	1	5	14	7	132	10	4862
3	2	6	42	8	429	11	16796
4	5			9	1430		

9.2　直观推断法

选择简单蒸馏塔序列最常用的方法是直观推断法，它们是在许多实际应用的基础上提出的，其应用只限于简单塔系和没有热集成的情况。应用这些规则虽不能保证得到最优的分离序列，但通常能很快地找到较优的序列。

9.2.1　直观推断的规则

自 20 世纪 70 年代以来，在文献中已出现了许多直观推断的规则，这些规则归纳起来可分为四大类：①选择分离方法的规则（以下简称 M 规则）；②设计的规则（以下简称 D 规则）；③有关组分性质的规则（以下简称 S 规则）；④有关组成与分离成本的规则（以下简称 C 规则）。

下面详细论述以上规则。

① 规则 M1　在所有分离方法中，优先使用能量分离剂的方法（例如常规精馏方法），其次才考虑采用质量分离剂的方法（例如萃取精馏、液-液萃取方法）。如果不得已需采用后一种方法时，则应在使用质量分离剂的塔后，首先将其脱除，而且不准用质量分离剂的方法来分离出另一种质量分离剂。

② 规则 M2　避免温度和压力过于偏离环境条件。如果要偏离，则宁可向高温或高压方向偏离，而尽量不向低温或低压方向偏离。即尽可能避免采用真空精馏及制冷操作。

如果不得不采用真空蒸馏，可以考虑用适当溶剂的液-液萃取来代替。

如果需要冷冻（如分离具有高挥发度的低沸物，产品从塔顶采出时），则可考虑采用吸收等价廉的方案代替。

③ 规则 D1　倾向于生产产品个数最少的分离序列。避免分离那些在最终产品中仍然共

存的组分，也就是说，当规定的产品是多组分时，倾向于直接生产这些产品，或者只用最少的混合。

④ 规则 D2　如果有可能的话，应尽量采用流股分割和混合来减小分离负荷。

⑤ 规则 D3　当组分之间的相对挥发度和各组分的量差别不大时，应按各组分挥发度大小顺序，将各组分逐个从塔顶馏出，即采用直接序列。

⑥ 规则 S1　首先应除去腐蚀性的、热不稳定的和有毒性的组分。

⑦ 规则 S2　难分离的组分最后分离。此规则可以通过比较不同的分离序列的成本来说明。假定分离成本可近似表达为

$$分离成本 \propto \frac{进料量}{分离点两侧两组分性质的差异} = \frac{F}{\Delta}$$

显然，随着进料量增加，塔径、热负荷也增加，使分离成本增加；分离点两侧两组分性质的差异增加，分离越容易，所需的塔板数或回流比就可减少，分离成本就可降低。

现以分离一个四组分混合物为例，假定混合物 ABCD 中各组分的物质的量相等，即 $F_A = F_B = F_C = F_D = F$；组分 1、2 之间的性质差别与组分 3、4 之间的性质差别相等，即 $\Delta_{12} = \Delta_{34} = \Delta$；而组分 2、3 之间性质差别较小，$\Delta_{23} = \Delta/3$。表 9-2 列出了 5 种分离序列的总成本，比较可知，将组分 2 和组分 3 的分离放在前面时（序号 3）成本最高，而放在最后时成本最低（序号 2 和 4）。

表 9-2　不同分离序列总成本的比较

序号	分离序列	总成本
1	A/BCD；B/CD；C/D	$\dfrac{F_1+F_2+F_3+F_4}{\Delta_{12}} + \dfrac{F_2+F_3+F_4}{\Delta_{23}} + \dfrac{F_3+F_4}{\Delta_{34}} = \dfrac{4F}{\Delta} + \dfrac{3F}{\Delta/3} + \dfrac{2F}{\Delta} = 15\dfrac{F}{\Delta}$
2	A/BCD；BC/D；B/C	$\dfrac{F_1+F_2+F_3+F_4}{\Delta_{12}} + \dfrac{F_2+F_3+F_4}{\Delta_{34}} + \dfrac{F_1+F_2}{\Delta_{23}} = \dfrac{4F}{\Delta} + \dfrac{3F}{\Delta} + \dfrac{2F}{\Delta/3} = 13\dfrac{F}{\Delta}$
3	AB/CD；A/B；C/D	$\dfrac{F_1+F_2+F_3+F_4}{\Delta_{23}} + \dfrac{F_1+F_2}{\Delta_{12}} + \dfrac{F_3+F_4}{\Delta_{34}} = \dfrac{4F}{\Delta/3} + \dfrac{2F}{\Delta} + \dfrac{2F}{\Delta} = 16\dfrac{F}{\Delta}$
4	ABC/D；A/BC；B/C	$\dfrac{F_1+F_2+F_3+F_4}{\Delta_{34}} + \dfrac{F_1+F_2+F_3}{\Delta_{12}} + \dfrac{F_2+F_3}{\Delta_{23}} = \dfrac{4F}{\Delta} + \dfrac{3F}{\Delta} + \dfrac{2F}{\Delta/3} = 13\dfrac{F}{\Delta}$
5	ABC/D；AB/C；A/B	$\dfrac{F_1+F_2+F_3+F_4}{\Delta_{34}} + \dfrac{F_1+F_2+F_3}{\Delta_{23}} + \dfrac{F_1+F_2}{\Delta_{12}} = \dfrac{4F}{\Delta} + \dfrac{3F}{\Delta/3} + \dfrac{2F}{\Delta} = 15\dfrac{F}{\Delta}$

⑧ 规则 C1　首先分离出量最多的组分。

⑨ 规则 C2　塔顶馏出物与塔底产物接近等物质的量的分割最为有利，即 50/50 的分割最为有利。

此规则可用表 9-3 中的计算结果来说明，其中，假定各组分的物质的量相等，即 $F_A = F_B = F_C = F_D = F$。从表中看出，按等物质的量分割的分离序列（序号 3）的总负荷最少。

表 9-3　分离四个组分混合物不同分离序列的负荷比较

序　号	分离序列	总负荷
1	A/BCD；B/CD；C/D	$F_A + 2F_B + 3F_C + 3F_D = 9F$
2	A/BCD；BC/D；B/D	$F_A + 3F_B + 2F_C + 3F_D = 9F$
3	AB/CD；A/B；C/D	$2F_A + 2F_B + 2F_C + 2F_D = 8F$
4	ABC/D；AB/C；A/B	$3F_A + 3F_B + 2F_C + F_D = 9F$
5	ABC/D；A/BC；B/C	$2F_A + 3F_B + 3F_C + F_D = 9F$

如果难以判断哪一种分割既接近等摩尔分割，又有合理的相对挥发度数值，此时可按易分离系数（coefficient of ease of separation，CES）值最大的分离点优先分割。易分离系数的定义为

$$CES = f \times \Delta \tag{9-1}$$

式中，f 为塔顶与塔底产品的摩尔流率比；Δ 为两组分的沸点差 ΔT，或 $\Delta = (\alpha - 1) \times 100$，其中 α 为相邻两组分的相对挥发度或分离因子。

9.2.2　有序直观推断法[2]

当用上述规则开发一个分离序列时，时常会发生冲突，采用的规则不同，往往会导致不同的结果。Nadgir 和 Liu(1983) 将所有的规则加以系统化整理，按重要程度排序后，提出了"有序直观推断法"，这个方法包含顺序地应用下列的推断规则。

规则1：倾向于常规的蒸馏和首先除去质量分离剂。
规则2：避免真空蒸馏和冷冻。
规则3：倾向于产品种类最少。
规则4：首先除去有腐蚀性和毒性的组分。
规则5：难分离的最后分离。
规则6：量最多的组分最先分离。
规则7：倾向于 50/50 的分离。

前面两个规则决定所要使用的分离方法，接下来的三个规则给出了由产品规定引起的禁止分割的指导，最后两个规则用来综合初始的分离序列。

【例 9-1】 应用有序直观推断法对表 9-4 中所列五个组分的轻烃混合物的分离序列进行综合。

表 9-4　五个组分的轻烃混合物数据

组分	摩尔分数	相对挥发度	易分离系数 CES	组分	摩尔分数	相对挥发度	易分离系数 CES
A 丙烷	0.05			D 异戊烷	0.20	2.10	114.5
B 异丁烷	0.15	2.0	5.26	E 正戊烷	0.35	1.25	13.46
C 正丁烷	0.25	1.33	8.25				

解　推断步骤如下：

① 应用规则1，采用常规蒸馏；应用规则2，采用加压下冷冻。
② 规则3和4没有用。
③ 按规则5，组分 D 和 E 之间的相对挥发度最小（$\alpha = 1.25$），难分离，应在没有 A、B 和 C 的情况下最后分离。
④ 按规则6，组分 E 量最大，应先分离出去，但规则5的顺序在规则6之前，应优先采用规则5，所以组分 E 不应先分离出去。
⑤ 应用规则7，应首先分割 ABC/DE，因为这种分割的 CES 值最大。

对子群 ABC 的分离，有 A/BC 和 AB/C 两种可能的分割方案，这要由 CES 值来决定，CES 的计算见下表。

参　数	f	$(\alpha-1)\times 100$	CES
A/BC	0.05/0.40	100	12.5
AB/C	0.20/0.25	33	26.4

由计算可知，应优先选择 AB/C 的分割方案。综合上述的推断得出的分离序列为：ABC/DE；AB/C；A/B；D/E。

9.3 数学规划法

虽然通常用直观推断法能得到好的序列，但这种方法不一定能得到最好的序列，而通过数学方法能够得到最优解。本节将介绍动态规划法、有序分支搜索法和基于超结构优化的三种方法，为节省篇幅，没有给出动态规划法和有序分支搜索法的计算公式，但这不会影响对这两种方法的理解和掌握。

9.3.1 动态规划法[3]

动态规划法是解决多阶段决策过程最优化问题的一种方法。其基本方法是把原问题分解成许多相互有联系的子问题，而每个子问题是一个比原问题简单得多的优化问题，且在每一个子问题的求解中，均利用它的后部子问题的最优化结果，依次进行，最后一个子问题所得的最优解，就是原问题的最优解。在分离序列问题中，一个分离序列可看成是由多个子序列构成的，这样，分离序列问题可分解成一个多阶段的决策过程，利用动态规划法来求解。

作为一个例子，考虑用通常的蒸馏方法分离混合物 ABCD，组分按挥发度减小的顺序排列，所有可能的分离和分离器的年成本列在表 9-5 中。

表 9-5 四组分分离的成本数据

组分群	分离	分离器号	成本/(美元/年)	组分群	分离	分离器号	成本/(美元/年)
ABCD	A/BCD	1	85000	BCD	B/CD	4	247000
	AB/CD	2	254000		BC/D	5	500000
	ABC/D	3	510000	AB	A/B	6	15000
ABC	A/BC	8	59000	BC	B/C	10	190000
	AB/C	9	197000	CD	C/D	7	420000

动态规划法的第一步决策是逆向从两个组分的进料开始进行分离，由于每一个进料的分离是唯一的，所以此步的最优分离成本为该进料的分离成本，输出值也为该进料的分离成本。第二步决策是分离 3 个组分的进料，输出值为 3 组分的分离成本与 2 组分的最优分离成本之和。第三步决策是分离四个组分的进料，输出值为 4 组分的分离成本与 3 组分（对 AB/CD 的分割是 2 组分）的最优子序列的分离成本之和。各步决策的输出值见表 9-6。

表 9-6 由动态规划法决策的各步成本输出值

进料组	切割点	第一步决策的成本输出值	第二步决策的成本输出值	第三步决策的成本输出值
AB	A/B	15000	—	—
BC	B/C	190000	—	—
CD	C/D	420000	—	—
ABC	A/BC	—	59000+190000=249000	—
	AB/C	—	197000+15000=212000	—
BCD	B/CD	—	247000+420000=667000	—
	BC/D	—	500000+190000=690000	—

续表

进料组	切割点	第一步决策的成本输出值	第二步决策的成本输出值	第三步决策的成本输出值
ABCD	A/BCD	—	—	85000＋667000＝752000
	AB/CD	—	—	254000＋15000＋420000＝689000
	ABC/D	—	—	510000＋212000＝722000

最后决策得到的分离成本最少的序列就是最优分离序列。相应于最少分离成本 689000 美元/年的最优分离序列为：AB/CD；A/B；C/D。对这个例子，有五种可能的分离序列，但仅计算了三种就找到了最优的序列。

9.3.2 有序分支搜索法[4]

有序分支搜索法是 Rodrigo 和 Seader(1975) 提出的。该法与动态规划法一样，搜索空间也是由部分分离子问题构成，但搜索方法与动态规划法不同，它是从过程进料开始，而且使用向前分支搜索和回溯来找到最优的序列。其搜索过程分两步进行：第一步，用探试法产生基本分离序列，并把基本分离序列的总成本作为搜索最优分离序列成本的上限。第二步，沿着分离序列树进行回溯，凡遇到分离成本超过成本上限的部分或完整序列，则搜索不沿此分支进行；若遇到分离成本小于成本上限的完整分离序列，则将该序列的总成本作为新的上限，继续搜索。重复上述过程，最后可找到最优分离序列。

下面对表 9-5 的分离问题用图 9-3 来说明。从进料 ABCD 开始，最少成本的分离是 A/BCD，得到产品 A 和中间进料 BCD，对 BCD 进料，最经济的分离是 B/CD，得到产品 B 和中间进料 CD，对 CD 进料，只有一种分离步骤可选，得到产品 C 和 D。这样，整个序列的总成本（美元）是 85000＋274000＋420000＝752000。这个序列是初始的上限。最优序列或者是这个序列或者是由回溯和分支搜索得到的更低成本的序列。

表 9-7　由有序分支搜索方法得到的序列

序列	总成本/(美元/年)	序列	总成本/(美元/年)
1-4-7	752000	3-8-10	759000
1-5-10	775000	(3-9)	(707000)
2-6-7	689000		

如果一个后来的序列的总成本较低，它就成为新的上限。在图 9-3 中，从分离器 7 到方框 CD，因为这个方框仅有一个候选存在，所以继续回溯到方框 BCD，这里有第二个选择，即分离器 5。部分序列 1-5 的成本之和是 585000 美元/年，这仍少于上限 752000 美元/年，因此，使用向前的分支搜索从分离器 5 到方框 BC，仅有一个分离器 10。这样完成了第二个序列 1-5-10，这个序列的总成本是 775000 美元。按照相同的方式做剩余序列的搜索，搜索的结果列在表 9-7 中。从表 9-7 知，最优的序列是 2-6-7，这与动态规划获得的结果相同。在表 9-7 中，最后的序列只是一部分，因为只用分离器 3 和 9，总成本就已经超过了上限。

比较有序分支搜索方法与动态规划法，前者较之后者似乎没有明显的优点，但是有序分支方法对包括更多产品或更多分离方法的更复杂的情况有明显的优点。

9.3.3 基于超结构的优化方法

现在考虑使用更系统的方法来确定蒸馏分离序列，即使用优化超结构来确定蒸馏分离序列。这个方法是首先建立一个"巨大"的超结构，这个超结构包含所有可能的分离序列，它

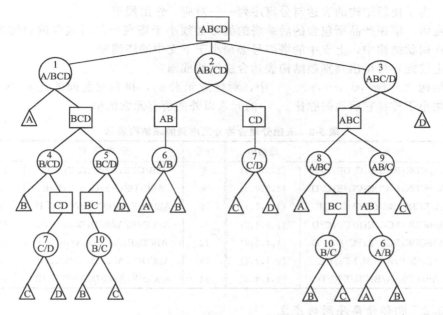

O—分离器；□—过程进料或中间产品；△—最终产品　注：分离器中数值是表 9-5 中分离器编号

图 9-3 有序分支搜索法的搜索空间

构成了分离序列的搜索空间。然后，应用优化算法搜索出最优的分离序列。本小节介绍用列队竞争算法搜索最优分离序列[5]。

9.3.3.1 分离序列超结构表示

对于简单锐分离，可用树状超结构和网状超结构表示分离序列，但这两种超结构仅适用于组分数较少的分离序列综合问题。为处理大规模分离序列综合问题，作者提出了一种新的超结构表达方法。

以分离 A、B、C、D 和 E 这五种组分混合物为例，若按它们的组分沸点从小到大排成一个次序表：(ABCDE)，此次序表中共有 4 个分离点，用 1、2、3、4 表示分离点的位置

$$
\begin{array}{ccccc}
\text{A} & \text{B} & \text{C} & \text{D} & \text{E} \\
\uparrow & \uparrow & \uparrow & \uparrow & \\
1 & 2 & 3 & 4 &
\end{array}
$$

要将上述五组分混合物分离成纯组分需要用 4 个塔。若用 $X = \{v_1, v_2, v_3, v_4\}$ 表示四个塔的一种排列顺序，其中元素 v_i 代表塔的序号，v_i 的下标 i 表示分离点的位置。则可用 $X = \{v_1, v_2, v_3, v_4\}$ 表达五组分混合物的所有可能的分离序列。例如 $X = \{v_1, v_2, v_3, v_4\} = \{2, 1, 3, 4\}$ 代表下列分离序列

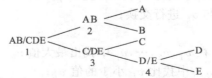

其中第 1 个塔 $v_2 = 1$ 在分离点 2（v_2 的下标）将 ABCDE 分离成 AB、CDE；同理，第 2 个塔在分离点 1 将 AB 分离成 A、B；第 3 个塔在分离点 3 将 CDE 分离成 C、DE；第 4 个塔在分离点 4 将 DE 分离成 D、E。表 9-8 列出了五组分混合物所有分离序列的超结构表示。普遍的，对于 N 组分混合物，只需用 $N-1$ 个整数按照一定规则进行排列就能表示所有的

分离序列。为了使超结构的表达与分离序列一一对应，作出规定：

对任意塔，塔顶产品所包含的后续塔的编号必须小于塔底产品所包含的后续塔的编号，或者说，在树状结构中，上支中的塔编号必须小于下支中的塔编号。

根据上述规定可得出判别超结构表达合法性的准则：

在超结构 $X = \{v_1, v_2, \cdots, v_{N-1}\}$ 中，对任意元素 v_i，排在它前面的比 v_i 大的所有元素的值必须小于排在它后面的除比 v_i 小的元素以外的所有元素的值。

表 9-8　五组分混合物分离序列的超结构表示

序号	分 离 序 列	超结构	序号	分 离 序 列	超结构
1	A/BCDE；B/CDE；C/DE；D/E	{1,2,3,4}	8	AB/CDE；A/BC；B/C；D/E	{2,3,1,4}
2	A/BCDE；B/CDE；CD/E；C/D	{1,2,4,3}	9	ABC/DE；AB/C；A/B；D/E	{3,2,1,4}
3	A/BCDE；BC/DE；B/C；D/E	{1,3,2,4}	10	ABCD/E；A/BCD；B/CD；C/D	{2,3,4,1}
4	A/BCDE；BCD/E；B/CD；C/D	{1,3,4,2}	11	ABCD/E；A/BCD；BC/D；B/C	{2,4,3,1}
5	A/BCDE；BCD/E；BC/D；B/C	{1,4,3,2}	12	ABCD/E；AB/CD；A/B；C/D	{3,2,4,1}
6	AB/CDE；A/B；C/DE；D/E	{2,1,3,4}	13	ABCD/E；ABC/D；A/BC；B/C	{3,4,2,1}
7	AB/CDE；A/B；CD/E；C/D	{2,1,4,3}	14	ABCD/E；ABC/D；AB/C；A/B	{4,3,2,1}

9.3.3.2　相邻分离序列的产生

基于上面超结构的表达形式，可用"相邻两交换"产生相邻分离序列，相邻两交换如图 9-4 所示。

相邻位置的塔交换位置后，有的塔排列顺序仍然符合规定，有的将违反规定。由判别超结构表达合法性的准则可推理出：当 v_i 与 v_{i+1} 的值相差为 1 时，v_i 与 v_{i+1} 交换后不违反规定；当 v_i 与 v_{i+1} 的值相差大于 1 时，v_i 与 v_{i+1} 交换后将违反规定；如图 9-4 中分离点 3 的塔 5 与分离点 4 的塔 4 交换后是符合规定的，分离点 5 的塔 1 与分离点 6 的塔 7 交换后将违反规定，交换后需进行调整，调整的方法是将塔 1 前的塔 7 与塔 1 后的塔 6 进行交换，如图 9-5 所示。

<table>
<tr><td>2　3　5　4　1　7　6　8　9</td><td>2　3　5　4　7　1　6　8　9</td></tr>
<tr><td>图 9-4　相邻塔的交换</td><td>图 9-5　两交换后违反规定的调整</td></tr>
</table>

基于判别结构表达合法性的准则，对产生相邻分离序列的算法作形式化描述如下：

从 $X = \{v_1, v_2, \cdots, v_{N-1}\}$ 中随机选取一元素 $v_i (i = 1, 2, \cdots, N-2)$；

IF　$v_i > v_{i+1} + 1$

　　　将 v_i 与 v_{i+1} 交换，在 $v_1, v_2, \cdots, v_{i-1}$ 中找出最大值 v_k；

　　　在 $v_{i+1}, v_{i+2}, v_{N-1}$ 中找比 v_k 小 1 的值 v_j；

　　　若 v_j 存在，将 v_j 与 v_k 进行交换；

ELSEIF　$v_i < v_{i+1} - 1$

　　　将 v_i 与 v_{i+1} 交换，在 $v_1, v_2, \cdots, v_i$ 中找出最大值 v_k；

　　　在 $v_{i+2}, v_{i+3}, \cdots, v_{N-1}$ 中找比 v_k 小 1 的值 v_j；

　　　若 v_j 存在，将 v_j 与 v_k 进行交换；

ELSE

　　　将 v_i 与 v_{i+1} 交换；

END

9.3.3.3 解分离序列综合问题的列队竞争算法

对于解分离序列综合问题，列队竞争算法中的竞争推动力大小可用家族的变异次数来表示。此处家族用分离序列来表示。

基于列队竞争算法解分离序列综合问题的算法可作如下描述（目标为总费用最少）：

① 给定 P 个初始分离序列 $X_i(K)$（$i=1,2,\cdots,P$）（变量 K 称为"代数"，初始时 $K=1$）；

② 计算 P 个分离序列的目标函数值 $f[X_i(K)]$；

③ 对 P 个分离序列依据目标函数值从小到大排成一个列队；

④ 列队中处于第 1 位的分离序列进行 1 次相邻序列的变换，处于第 2 位的连续进行 2 次相邻序列的变换，依此类推，处于第 P 位的连续进行 P 次相邻序列的变换，得到变换后的分离序列 $Y_i(K)(1<i<P)$，并计算目标函数 $f[Y_i(K)]$；

⑤ 比较每个分离序列变换前后的目标函数值，如果 $f[Y_i(K)]\leqslant f[X_i(K)]$，则 $X_i(K+1)=Y_i(K)$ 作为分离序列 $X_i(K)$ 的后代；反之，如果 $f[Y_i(K)]>f[X_i(K)]$，则 $X_i(K+1)=X_i(K)$ 作为分离序列 $X_i(K)$ 的后代；

⑥ 重复③～⑤步，直到预先规定的进化代数为止。

根据经验，初始分离序列数 P 一般取组分数的 1/2 左右。

【例 9-2】 综合 5 组分分离序列，5 组分是 {A/丙烷，B/异丁烷，C/正丁烷，D/异戊烷，E/正戊烷}；摩尔分率分别为 {0.05，0.15，0.25，0.20，0.35}。原料进塔流率为 907.2mol/h，分离子问题的费用见表 9-9。求年度总费用最少的分离序列。

表 9-9 分离子问题成本

分离子问题	成本/(美元/年)×10⁻⁵	分离子问题	成本/(美元/年)×10⁻⁵	分离子问题	成本/(美元/年)×10⁻⁵
A/BCD	0.5715	B/CDE	1.3340	C/DE	0.7817
AB/CDE	1.6500	BC/DE	0.9443	CD/E	1.8530
ABC/DE	1.1490	BCD/E	2.4180	A/B	0.2613
ABCD/E	2.6600	A/BC	0.3953	B/C	0.9493
A/BCD	0.4707	AB/C	1.1980	C/D	0.5927
AB/CD	1.4050	B/CD	1.1260	D/E	1.6920
ABC/D	0.9445	BC/D	0.7675		

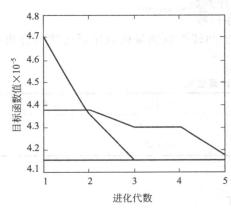

图 9-6 三个分离序列的演化过程

用列队竞争算法计算时取 3 个初始分离序列，初始序列都为 {1,2,3,4}，即与次序表对应的分离序列相同。3 个分离序列的演化过程显示在图 9-6 中，从图中看出，3 个分离序列中有两个分别经过 1 代和 3 代的演化就找到了最优分离序列，另一个在第 5 代时找到了次优分离序列。最优分离序列为 {1,3,2,4}，目标函数的值为 415710 美元/年，次优分离序列为 {2,3,1,4}，对应的目标函数值为 418560 美元/年。

此例用有序搜索法需要计算 16 个分离子问题，而动态规划法需要计算全部 20 个分离子问题。与此相比，列队竞争算法从初始序列 {1,2,3,4} 演

变到最优序列 $\{1,3,2,4\}$ 只是简单地将初始序列中的元素 2 和 3（即第 2 个塔与第 3 个塔）的顺序颠倒而已，这正体现了简洁的超结构表达方式所带来的优势。基于这个超结构上的列队竞争算法把在复杂的搜索空间中搜索最优分离序列的问题转变成了对 $N-1$ 个整数的排列问题，从而将问题变得简化而使算法的搜索效率大为提高。

【例 9-3】 解多组分分离序列综合问题。

表 9-10 是 12 个组分的碳氢混合物数据，分别考虑前 10 个组分和 12 个组分的混合物分离序列综合问题。

表 9-10　12 个组分的碳氢混合物数据

混合物组成	摩尔流率/(kmol/h)	沸点/K	混合物组成	摩尔流率/(kmol/h)	沸点/K
A.n-pentane	30	309.2	G.n-undecane	150	469.1
B.n-hexane	60	341.9	H.n-dodecane	110	489.5
C.n-heptane	100	371.6	I.n-tridecane	70	508.6
D.n-octane	120	398.8	J.n-tetradecane	140	526.7
E.n-nonane	200	424.0	K.n-pentadecane	90	543.8
F.n-decane	50	447.3	L.n-hexadecane	50	560.0

评价分离序列优劣的指标除了用年度总费用之外，还可以用易分离系数（CES）。本例将分离序列各个子问题的易分离系数的总和确定为目标函数，即 $\max \sum_i (\mathrm{CES})_i$。采用穷举法分别搜索 10 个组分和 12 个组分混合物得到的最优分离序列见表 9-11。

表 9-11　穷举法搜索得到的最优分离序列

组分数	分离序列数	最优分离序列	最优值
10	4862	$\{5,4,3,2,6,7,1,9,8\}$	145.7823
12	58786	$\{5,4,3,2,6,1,8,9,7,10,11\}$	177.0318

解　用列队竞争算法求上述 2 种不同规模问题的最优分离序列时，均取 5 个初始分离序列，且初始分离序列与次序表所对应的分离序列相同，即为：$\{1,2,\cdots,N-1\}$，$N=10$，12，相应地目标函数值分别为 50.2128 和 60.9298。对 2 种不同规模问题的 5 个序列分别演化到 50 代和 120 代为止，每个问题计算 100 次，统计结果见表 9-12，表中算法性能指标空间搜索率定义为

$$空间搜索率 = \frac{搜索过的分离序列数}{问题的分离序列数} \times 100\%$$

从表 9-12 显示的结果看出：仅搜索较少的搜索空间即可找到最优或接近最优的分离序列，且随着问题规模的增大，空间搜索率急剧减小。

表 9-12　列队竞争算法计算结果

组分数	搜索空间/%	最优值	平均值	标准差
10	5.14	145.7823	140.1269	4.6476
12	1.02	177.0318	168.4656	4.0125

本章小结

本章重点介绍了基于经验法则的推断法和数学规划法两类分离序列综合方法。基于经验

法则的直观推断法方法简单、实用，它们虽不能保证得到最优的分离序列，但时常能很快地找到较优的序列。动态规划法和有序分支搜索法是两种经典的优化搜索方法，它们的主要区别在于搜索的策略不同，前者逆向开始搜索，而后者正向开始搜索。对较简单的问题这两种方法没有明显的差别，但对包括更多的产品或更多的分离方法的情况有序分支搜索法比动态规划法有明显的优势。基于超结构的优化方法是更系统化的方法，应用列队竞争算法能有效地解大规模分离序列综合问题。

参考文献

［1］ King C J. Separation Process. 2nd ed. McGraw-Hill，1980.

［2］ Nadgir V M，Liu Y A. Studies in Chemical Process Design and Synthesis. Part Ⅴ：A Simple Heuristic Method for Systematic Synthesis of Initial Sequences for Multi-component Separation. AIChE J，1983，29.

［3］ Hendry J E，Hughes R R. Generating Separation Process Flowsheets. Chem Eng Prog，1972，68（6）：69.

［4］ Seider W D，Seader J D，Lewin D R. Process Design Principles：Synthesis，Analysis and Evolution. John Wiley & Sons，2002.

［5］ 鄢烈祥，麻德贤. 用列队竞争算法求解分离序列综合问题. 高校化学工程学报，1999，13（5）：470.

习　　题

9-1　考虑通过普通的蒸馏来分离：丙烷 A、异丁烷 B、正丁烷 C、异戊烷 D、正戊烷 E。表 9-13 为相对挥发度数据，对下列两种情况，仅使用直观推断法来开发流程。（1）等摩尔进料，产品为 A、（B，C）和（D，E）；（2）进料由 A＝10，B＝10，C＝60，D＝10 和 E＝20（相对物质的量）组成，产品为 A、B、C、D 和 E。

表 9-13　相对挥发度数据

组分	A	B	C	D	E
相对挥发度	2.2	1.44	2.73	1.25	

9-2　表 9-14 成本数据包括投资和操作成本，用有序分支搜索方法确定：（1）最好的分离序列；（2）第二好的分离序列；（3）最差的分离序列。

表 9-14　分割点与分离成本

分割点	成本/(美元/年)	分割点	成本/(美元/年)
C3/B1	15000	C3,B1,NB/B2	510000
B1/NB	190000	C3,B1/NB,B2	254000
NB/B2	420000	C3/B1,NB,B2	85000
B2/C5	32000	B1,NB,B2/C5	94000
C3,B1/NB	197000	B1,NB/B2,C5	530000
C3/B1,NB	59000	B1/NB,B2,C5	254000
B1,NB/B2	500000	C3,B1,NB,B2/C5	95000
B1/NB,B2	247000	C3,B1,NB/B2,C5	540000
NB,B2/C5	64000	C3,B1/NB,B2,C5	261000
NB/B2,C5	460000	C3/B1,NB,B2,C5	90000

9-3　使用动态规划法解上题，确定最好的分离序列。

9-4　一个四组分（A、B、C 和 D）混合物被分离成四个纯组分，考虑两种不同的分离器形式，两种都不使用质量分离剂，两种分离器形式的分离次序表为：

分离器形式 Ⅰ（ABCD），分离器形式 Ⅱ（BACD）。

所有可能分割的年度成本数据列在表 9-15，使用有序分支搜索方法确定：（1）最好的分离序列；（2）第二好的分离序列；（3）最差的分离序列。对每个答案，画出分离序列图，标出每个分离器的形式。

表 9-15　不同分割点采用不同分离器的年度成本

子组分群	分割点	分离器形式	年度成本 $ 10000	子组分群	分割点	分离器形式	年度成本 $ 10000
AB	A/B	I	8			II	22
		II	15		BC/D	I	12
BC	B/C	I	23			II	20
		II	19	ACD	A/CD	I	23
CD	C/D	I	10			II	10
		II	18		AC/D	I	11
AC	A/C	I	20			II	20
		II	6	ABCD	A/BCD	I	14
ABC	A/BC	I	10		B/ACD	II	20
	B/AC	II	25		AB/CD	I	27
	AB/C	I	25			II	25
		II	20		ABC/D	I	13
BCD	B/CD	I	27			II	21

10 质量集成

10.1 引言

几乎所有分离化学混合物的工业操作都要使用能量分离剂（ESA），如在精馏和某些高压膜分离操作中，或者质量分离剂（MSA），如在吸收、解吸、液-液萃取、吸附、离子交换中。利用 MSA，在所谓过程富物流中的溶质被传递到称为过程贫物流的 MSA 中。然后可从 MSA 中除去溶质使 MSA 得到再次利用。用于将溶质传递到 MSA 的设备网络称为质量交换网络（MEN）。一般地，假定在 MEN 的设备中富物流和贫物流采用逆流，这一假定与在换热网络中换热器采用逆流类似。

考虑如图 10-1 所示的质量集成问题。质量流量为 G_i、初始组成为 y_i^s、目标组成为 $y_i^t (i = 1, 2, \cdots, N_R)$ 的 N_R 个富物流中的溶质，需要被质量流量为 L_j、初始组成为 x_j^s、目标组成为 $x_j^t (j = 1, 2, \cdots, N_S)$ 的 N_S 个贫物流除去。质量分离剂（MSA）也称为贫物流，它们包括 N_{SP} 个过程 MSA 和 N_{SE} 个外部 MSA。质量集成的目标是：在上述条件下，合成一个质量交换网络，使各物流达到规定的组成，而总费用最小。

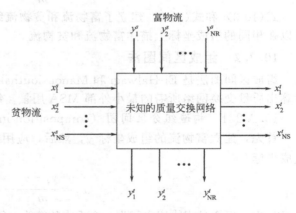

图 10-1 质量集成示意图

与合成换热网络类似，合成质量交换网络，一般也包括如下步骤：

① 确定质量交换网络的最小允许组成差 Δx_{min}，该值对设备费用和操作费用有很大影响，需进行优化选取；

② 确定最小外部质量分离剂（MSA）目标；

③ 设计出满足最小外部质量分离剂（MSA）目标的质量交换网络（MEN）；

④ 对质量交换网络进行优化，以减少交换器的数目，但可能以增加 MSA 的消耗为代价，需权衡设备费用与操作费用。

10.2 最小外部质量分离剂目标[1~3]

合成质量交换网络的主要目的是利用过程 MSA 来除去富物流中的溶质，以使外部 MSA 的需求量最小。于是，在合成质量交换网络前需要计算出最小外部 MSA 用量，称为最小外部 MSA 目标的实现。在合成换热网络时，温度差是一个关键的变量，随着 ΔT_{min} 的减小，公用工程量减小，但换热面积将增加。类似地，在合成质量交换网络时，浓度差也是一个关键的变量，它的值影响外部 MSA 的用量（操作费用）和设备费用，在计算最小外部 MSA 用量前需要对最小浓度差进行规定。

10.2.1 相平衡与组成标度

在描述富相与贫相组成时，有必要建立相同的组成标度。基于"最小允许组成差"的概念可建立富相和贫相的相同组成标度。

在低浓度区域内，溶质质量分率为 y_i 的富相与溶质质量分率为 x_j 的贫相接触，当溶质在富相与贫相间达到平衡时，其平衡关系可用下式的线性方程给出

$$y_i = m_j x_j^* + b_j \tag{10-1}$$

式中，x_j^* 为平衡浓度。这里，定义贫相实际组成与相平衡组成的最小差距为"最小允许组成差"，用 Δx_{min} 表示，即

$$x_j^* = x_j + \Delta x_{min} \tag{10-2}$$

将式（10-2）代入式（10-1），得

$$y_i = m_j(x_j + \Delta x_{min}) + b_j \tag{10-3}$$

或

$$x_j = \frac{y_i - b_j}{m_j} - \Delta x_{min} \tag{10-4}$$

式（10-3）和式（10-4）建立了富物流和贫物流组成之间的一一对应关系，通过这些关系可以在相同的组成坐标上描述富物流和贫物流。

10.2.2 组成区间图法

组成区间图法是 El-Halwagi 和 Manousiouthakis（1989）提出的，利用此法可以方便地计算出质量交换网络所需的最小外部 MSA 用量。组成区间法的步骤如下所述。

10.2.2.1 构造组分区间图（composition interval diagram，CID）

首先，建立富物流的组成坐标 y，然后，应用式（10-4）为过程 MSA 建立 N_{SP} 个相应的组成坐标

$$x_j = \frac{y_i - b_j}{m_j} - \Delta x_{min}$$

在 CID 中，每个过程物流表示为一个垂直的箭头，箭头的尾端对应它的初始组成，而它的头端对应于它的目标组成。其次，在箭头的头和尾画水平线，这些水平线定义了一系列的组成区间。最后，从上到下按升序对组成区间编号。图 10-2 为两个富物流和两个贫物流的 CID。

10.2.2.2 构造可交换负荷表（table of exchangeable loads，TEL）

构造 TEL 的目的是确定在每个组成区间内过程物流的质量交换负荷。第 i 个富物流股通过第 k 个区间可交换的溶质质量负荷（下面简称负荷）用下式计算

$$W_{i,k}^R = G_i(y_{i,k-1} - y_{i,k}) \tag{10-5}$$

这里 $y_{i,k-1}$ 和 $y_{i,k}$ 分别是第 i 个富流股进入和离开第 k 个区间的组成。第 j 个过程 MSA 通过第 k 个区间可交换的负荷用下式计算

$$W_{j,k}^S = L_j(x_{j,k-1} - x_{j,k}) \tag{10-6}$$

这里 $x_{j,k-1}$ 和 $x_{j,k}$ 分别是第 j 个过程 MSA 物流进入和离开第 k 个区间的组成。在 k 个区间内富流股的累计负荷为通过这个区间内的所有富流股的负荷之和，即

$$W_k^R = \sum_i W_{i,k}^R \tag{10-7}$$

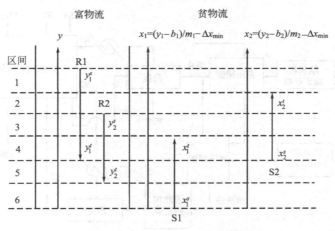

图 10-2　两个富物流和两个贫物流

同样，在 k 个区间内贫流股的累计负荷计算如下

$$W_k^S = \sum_j W_{j,k}^S \qquad (10\text{-}8)$$

在 k 个区间内富流股的累计负荷与过程 MSA 的累计负荷之差为

$$\Delta W_k = W_k^R - W_k^S \qquad (10\text{-}9)$$

将式(10-5)～式(10-9) 的计算结果列于表中即得富物流和贫物流的可交换负荷表。

10.2.2.3　构造质量交换级联图（mass exchange cascade diagram，MECD）

通过质量交换级联图可以确定过程 MSA 的过剩能力和需要的最小外部 MSA 用量。对第 k 组成区间，作溶质组分的质量平衡

$$\delta_k = \delta_{k-1} + \Delta W_k \qquad (10\text{-}10)$$

这里 δ_{k-1} 和 δ_k 是进入和离开第 k 个区间的溶质剩余质量。图 10-3 显示了第 k 个组成区间溶质组分的物料平衡。

在第一个区间之上，由于没有富物流存在，所以 $\delta_0 = 0$。当 $\delta_k > 0$ 时，在热力学上是可行的。当 $\delta_k < 0$ 时，在热力学上是不可行的，因为溶质不能从低浓度区向高浓度区传递，此时表明，在此区间过程 MSA 的能力（容量）是大于富物流的。最大的负数 δ_k 相对于过程 MSA 在除去溶质上的过剩能力。因此，这个过剩能力应该通过降低一个或多个 MSA 的流率和或出口组成来减少。

在除去 MSA 的过剩能力后，人们能构造一个修改的可交换负荷表（TEL）和质量交换级联图。因为网络的整个物料必

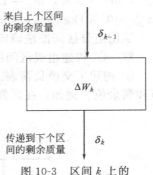

图 10-3　区间 k 上的溶质物料平衡

须实现平衡，离开最下面组成区间的剩余质量必须通过外部 MSA 除去，这就是最小外部 MSA 用量。在修改的级联图中，剩余质量是零的位置对应于质量交换夹点组成。

【例 10-1】　某油循环装置如图 10-4 所示。废柴油和废润滑油物流被除灰和除矿物质。常压精馏分离出轻物质、柴油和在负压下精馏生产出重产物润滑油。接着，柴油用蒸汽汽提脱除轻组分和含硫杂质。类似地，润滑油在蒸汽汽提脱除轻组分和含硫杂质前脱蜡和脱沥青。两股废水物流含酚，酚是一种会消耗氧、引起浑浊、并可能引起鱼类和饮用水异味的有毒污染物。过程内部的物流数据如表 10-1 所示。

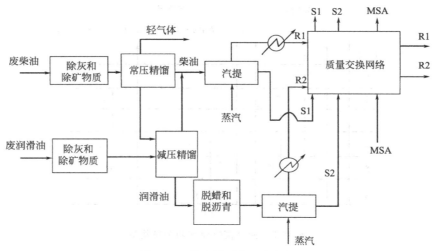

图 10-4　某油循环装置流程图

表 10-1　物流数据

物　　流	初始组成 y^s 或 x^s	目标组成 y^t 或 x^t	流率 G 或 L/(kg/s)
R1 汽提器 1 的冷凝液	0.050	0.010	2
R2 汽提器 2 的冷凝液	0.030	0.006	1
S1 柴油	0.005	0.015	5
S2 润滑油	0.010	0.030	3

　　可能的过程 MSA 包括用柴油（S1）或润滑油（S2）进行溶液萃取。外部 MSA 包括活性炭吸附（S3）、高分子树脂的离子交换（S4）和空气气提（S5）。传递苯酚到第 j 个 MSA 物流的平衡方程为

$$y = m_j x_j$$

式中，$m_1 = 2.00$，$m_2 = 1.53$，$m_3 = 0.02$，$m_4 = 0.09$ 和 $m_5 = 0.04$。令最小允许组成差 $\Delta x_{\min} = 0.001$ kg 酚/kgMSA。

　　试用组分区间图法确定最小外部 MSA 用量，以及夹点的组成。

　　解　① 构建组成区间图。图 10-5 为本例的组分区间图。

　　② 构建可交换负荷表。表 10-2 列出了各个组成区间的富物流、贫物流的负荷，以及差值和剩余值。例如，在区间 1 只有富物流 R1，其负荷为 $2 \times (0.0500 - 0.0474) = 0.0052$，

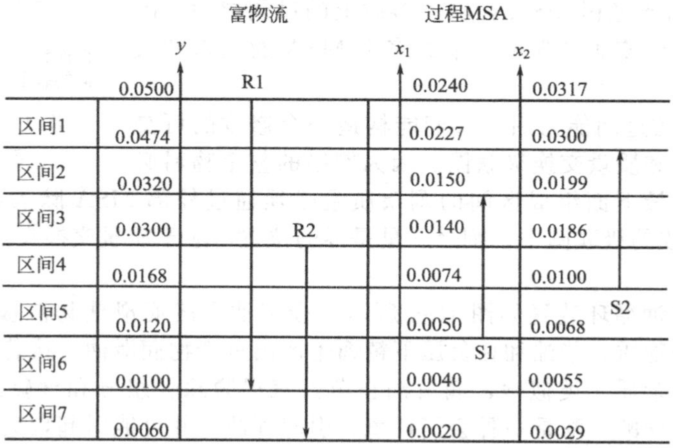

	富物流		过程MSA	
	y		x_1	x_2
	0.0500	R1	0.0240	0.0317
区间1	0.0474		0.0227	0.0300
区间2	0.0320		0.0150	0.0199
区间3	0.0300	R2	0.0140	0.0186
区间4	0.0168		0.0074	0.0100
区间5	0.0120		0.0050	0.0068
区间6	0.0100		0.0040	0.0055
区间7	0.0060		0.0020	0.0029

图 10-5　脱酚例子的组分区间图

差值 $\Delta W_1 = 0.0052 - 0 = 0.0052$，由于加入第一个区间的过剩值为 0，故此区间的过剩值为 0.0052。区间 2 存在富物流 R1 和贫物流 S2 两个物流，其负荷分别为 $2 \times (0.0474 - 0.0320) = 0.0308$ 和 $3 \times (0.0300 - 0.0199) = 0.0303$，差值 $\Delta W_2 = 0.0308 - 0.0303 = 0.0005$，剩余值为上个区间的剩余值与该区间的差值之和，即为 $0.0052 + 0.0005 = 0.0057$。其他区间的负荷计算照此类推。

表 10-2 可交换负荷数据

区间	$W_k^R / (\mathrm{kg/s})$	$W_k^S / (\mathrm{kg/s})$	ΔW_k 差值/(kg/s)	$\delta_k / (\mathrm{kg/s})$
1	0.0052	—	0.0052	0.0052
2	0.0308	0.0303	0.0005	0.0057
3	0.0040	0.0089	−0.0049	0.0008
4	0.0396	0.0588	−0.0192	−0.0184
5	0.0144	0.0120	0.0024	−0.0160
6	0.0060	—	0.0060	−0.01
7	0.0040	—	0.0040	−0.006

③ 进行区间级联计算。图 10-6(a) 为初步的级联结果。图 10-6(a) 中显示最大的负剩余质量是 −0.0184kg/s，这相应于过程的 MSA 的过剩能力。如果决定通过降低 S2 的流率来消除这个剩余能力，可通过式(10-11) 计算出调整的 S2 的流率为 2.08kg/s。

$$L_j' = L_j - \frac{E}{x_j^t - x_j^s} \qquad (10-11)$$

$$L_j' = L_j - \frac{E}{x_j^t - x_j^s} = 3 - \frac{0.0184}{0.03 - 0.01} = 2.08 \mathrm{kg/s}$$

式中，E 为 MSA 的过剩能力；L_j' 为 S2 调整后的流率。表 10-3 是使用 S2 调整后的流率修改的可交换负荷表。图 10-6(b) 是根据修改的可交换负荷表得到的修改级联图。在这个图

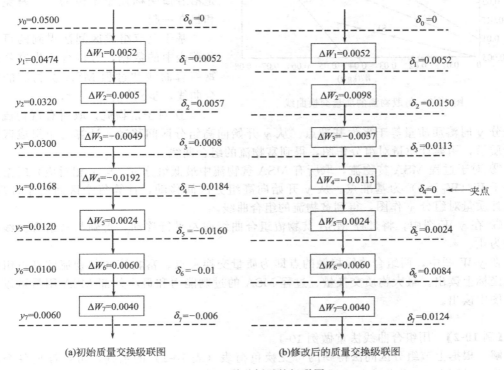

(a)初始质量交换级联图   (b)修改后的质量交换级联图

图 10-6 脱酚例子的级联图

中，离开第 4 个区间的剩余质量为 0。因此，可交换质量的夹点是在第 4 和第 5 区间的分界线的位置。这个位置对应的组成为

$$(y, x_1, x_2) = (0.0168, 0.0074, 0.0100)$$

离开最下面区间的剩余质量是 0.0124kg/s，这是需通过外部 MSA 除去的溶质质量。

表 10-3　修改的可交换负荷数据

区间	W_k^R/(kg/s)	W_k^S/(kg/s)	ΔW_k 差值/(kg/s)	δ_k/(kg/s)
1	0.0052	—	0.0052	0.0052
2	0.0308	0.0210	0.0098	0.0150
3	0.0040	0.0077	−0.0037	0.0113
4	0.0396	0.0509	−0.0113	0
5	0.0144	0.0120	0.0024	0.0024
6	0.0060	—	0.0060	0.0084
7	0.0040	—	0.0040	0.0124

10.2.3　组合曲线法

富物流和过程 MSA 贫物流可以在以溶质质量 W 为横坐标，以组成 y 或 x 为纵坐标的图中表示。对于富物流，由于溶质被脱除，流线的走向是从高组成向低组成。对于过程 MSA 贫物流，由于溶质的加入，物流线的走向是从低组成向高组成。对于低溶质浓度的混合物，流率可作为常数，物流曲线成直线。在图 10-7 中绘出了表 10-1 所列的 4 条物流线，每条线是沿着横坐标任意定位的，以避免相交和挤在一起。

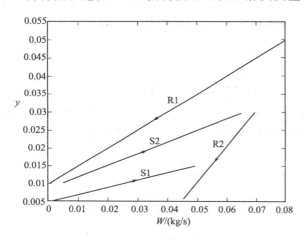

图 10-7　每股物流的质量交换曲线

基于上节组成区间法得到的可交换负荷表中的数据，可以合成出富物流的富组合曲线和过程 MSA 贫物流的贫组合曲线，步骤如下。

① 对于富物流，取所有富物流中最低组分 y 时溶质质量等于零为基准点。从 y 开始向高组分区间移动，计算每个组成区间的累计质量，用累计质量对组分作图，得到富物流的组合曲线。

② 对于过程 MSA 贫物流，取所有 MSA 贫物流中最低组分 y（与 x 相对应）时溶质质量等于 W_0（$W_0 > 0$）为基准点。从 y 开始向高组分区间移动，计算每个区间的累计质量，用累计质量对组分 y 作图，得到贫物流的组合曲线。

③ 在 y-W 图中，将过程 MSA 贫物流组合曲线向左平行移动，直到与富组合曲线刚好接触为止。

在 y-W 图中，两组合曲线接触的点即为质量交换夹点。富物流和贫物流的夹点组成可从纵坐标上读出。最大物质交换量、过程 MSA 的过剩能力和最小外部 MSA 用量可以方便地从图中读出。

【例 10-2】　用组合曲线法重做例 10-1。

解　根据上节组分区间法得到的可交换负荷表（表 10-2）的数据，可计算出各个区间富物流、过程 MSA 贫物流的溶质质量负荷和累计负荷。表 10-4 给出了计算结果，其中过程

表 10-4 各个组分区间富物流、过程 MSA 贫物流的溶质质量负荷和累计负荷

区间	组成范围	富物流		过程 MSA 贫物流	
		负荷	累计负荷	负荷	累计负荷
1	0.0474~0.0500	0.0052	0.1040	—	—
2	0.0320~0.0474	0.0308	0.0988	0.0303	0.1300
3	0.0300~0.0320	0.0040	0.0680	0.0089	0.0997
4	0.0168~0.0300	0.0396	0.0640	0.0588	0.0908
5	0.0120~0.0168	0.0144	0.0244	0.0120	0.0320
6	0.0100~0.0120	0.0060	0.0100	—	—
7	0.0060~0.0100	0.0040	0.0040		

MSA 贫物流的累计负荷是按最低组成 y =0.0120 时负荷等于 0.02kg/s 为基准计算的。分别用组成区间的边界组成对富物流的累计负荷和贫物流的累计负荷作图，可得到富组合曲线和贫组合曲线，如图 10-8 所示。接着向左平行移动贫物流组合曲线，直到与富组合曲线刚好接触为止。质量交换夹点出现在 y = 0.0168 的位置。图 10-8 中两组合曲线重叠部分对应的质量为溶质的最大回收量，$W_{RE} = 0.0916kg/s$。超出贫组合曲线起点的那部分富组合曲线，是不能使用过程 MSA 来交换溶质的，必须使用外部 MSA 进行交换，该外部 MSA 用量即是最小外部 MSA 目标，$W_E = 0.0124kg/s$。

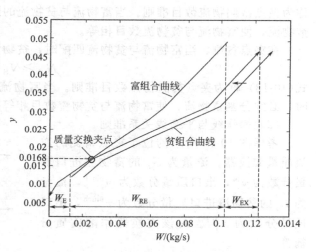

图 10-8 富组合曲线与贫组合曲线

超出富组合曲线起点的那部分贫组合曲线，是过程 MSA 贫物流的过剩能力，$W_{EX} = 0.0184kg/s$。

10.2.4 质量交换夹点的意义

夹点的出现将质量交换网络分成了两部分：夹点之上和夹点之下。夹点之上是富侧，只有富物流和过程 MSA 贫物流进行质量交换，不需要外部 MSA。夹点之下是贫侧，富物流与过程 MSA 和外部 MSA 进行质量交换。在质量交换夹点，质量流率为零。

在夹点富侧，过程 MSA 贫物流的流量已减少到允许富物流中的溶质在满足 MSA 目标组成的条件下被脱除。在夹点贫侧，需要用外部 MSA 将富物流中剩余的溶质脱除。如果夹点富端富物流中的溶质被夹点贫端的贫物流脱除，溶质就穿越了夹点，结果将使外部 MSA 增加。

因此，为达到最小外部 MSA 用量目标，夹点方法的设计原则是：①夹点之上（富侧）不应使用外部 MSA；②夹点之下（贫侧）需要使用外部 MSA；③不应有跨越夹点的质量传递。

10.3 最小外部 MSA 的质量交换网络[1~3]

在确定出最小外部 MSA 用量目标后，需要设计两个质量交换网络，一个在夹点的富侧，另一个在夹点的贫侧。如图 10-9 所示，图中自左向右的箭头表示富物流，自右向左的

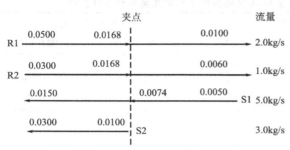

图 10-9　富物流和贫物流的夹点分解

箭头表示贫物流。

在合成满足最小外部 MSA 的质量交换网络时，需遵循如下准则。

（1）流股数目准则

在夹点富侧，当富物流与贫物流匹配时，富物流的数目必须小于或等于贫物流的数目。

$$N_R \leqslant N_S \qquad (10\text{-}12)$$

式中，N_R 为夹点富侧富物流的数目；N_S 为夹点富侧贫物流的数目。式（10-12）称为夹点富侧物流数目准则。当富物流与贫物流的匹配不能满足物流数目准则时，必须分割贫物流，使富物流与贫物流数目相等。

在夹点贫侧，当富物流与贫物流匹配时，贫物流的数目必须小于或等于富物流的数目。

$$N_R \geqslant N_S \qquad (10\text{-}13)$$

式（10-13）称为夹点贫侧物流数目准则。当富物流与贫物流的匹配不能满足物流数目准则时，必须分割富物流，使富物流与贫物流数目相等。

（2）操作线与平衡线关系准则

考虑图 10-10 所示的位于夹点富侧的逆流质量交换器。流量为 G_i 的富物流进口质量分数为 y_i^{in}，出口质量分数为 y_i^{pinch}，流量为 L_j 的贫物流进口质量分数为 x_j^{pinch}，出口质量分数为 x_j^{out}。对该交换器作溶质质量衡算

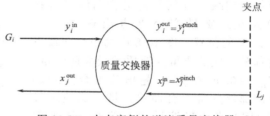

图 10-10　夹点富侧的逆流质量交换器

$$G_i(y_i^{in} - y_i^{pinch}) = L_j(x_j^{out} - x_j^{pinch}) \qquad (10\text{-}14)$$

但在夹点，富物流与贫物流趋近相平衡

$$y_i^{pinch} = m_j(x_j^{pinch} + \Delta x_{min}) + b_j \qquad (10\text{-}15)$$

为了保证在交换器富端热力学上的可行性，下面的不等式必须满足

$$y_i^{in} > m_j(x_j^{out} + \Delta x_{min}) + b_j \qquad (10\text{-}16)$$

将式（10-15）和式（10-16）代入到式（10-14），得

$$G_i[m_j(x_j^{out} + \Delta x_{min}) + b_j - m_j(x_j^{pinch} + \Delta x_{min}) - b_j] \leqslant L_j(x_j^{out} - x_j^{pinch})$$

整理上式得到

$$L_j/m_j \geqslant G_i \qquad (10\text{-}17a)$$

或

$$L_j/G_i \geqslant m_j \qquad (10\text{-}17b)$$

式（10-17）即为夹点富侧物流 (i, j) 匹配的可行性准则。这就是说，为使紧靠夹点富侧的匹配可行，操作线的斜率应大于或等于平衡线的斜率。

同样，可得到在夹点贫侧流股 (i, j) 匹配的可行性准则

$$L_j/m_j \leqslant G_i \qquad (10\text{-}18a)$$

或

$$L_j/G_i \leqslant m_j \qquad (10\text{-}18b)$$

物流匹配的可行性准则式（10-17）和式（10-18）仅在夹点处有效，离开夹点后物流的匹配可不受准则的限制，设计者可根据过程的知识自由选择物流的匹配。

（3）最大负荷准则

为保证最小数目的质量交换单元，每一次匹配应换完两股物流中的一股。

【例 10-3】 合成例 10-1 脱酚问题的质量交换网络。

解 (1) 夹点富侧设计 如图 10-11 所示，在夹点处富侧有两个富物流和两个 MSA 贫物流，物流数目准则得到满足。操作线与平衡线准则能够通过图 10-11 检验。通过比较 L_j/m_j 与 G_i 的值，容易推断出：S1 与 R1 或 R2 匹配是可行的，S2 与 R2 匹配也是可行的，但 S2 与 R1 匹配不可行。因此，在夹点处富侧，确定 S1 与 R1 匹配，S2 与 R2 匹配。

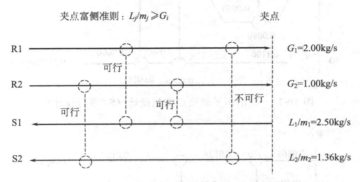

图 10-11 在夹点之上的可行性判据（脱酚例子）

为满足最大负荷准则，S1 与 R1 的匹配中，应将负荷较小的 S1 换完，R1 与 S1 交换的质量是 0.0380kg/s。同样地，R2 与 S2 的匹配中，应将负荷较小的 R2 换完。R2 与 S2 交换的质量是 0.0132kg/s。这样匹配后，R1 和 S2 还有剩余负荷，而且相等（0.0284kg/s）。R1 与 S2 可以进行匹配，因为离开了夹点后，它们的匹配可不受操作线与平衡线准则的限制。至此，夹点富侧的综合子问题已完成，如图 10-12 所示。

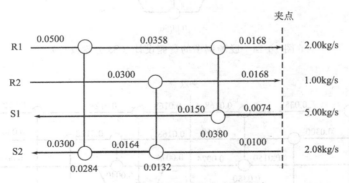

图 10-12 脱酚例子的夹点富侧设计

(2) 夹点贫侧设计 在夹点贫侧，有两个富物流和一个贫物流，R1、R2 和 S1。物流数目准则满足。从图 10-13 可见，S1 不能与 R1 或 R2 匹配，因为 L_1/m_1 大于 G_1 和 G_2。因此，必须将 S1 分成两个分支：一个与 R1 匹配，另一个与 R2 匹配。

有无数的方式来分割 L_1 使之能够满足式(10-18)。以对 G_1 和 G_2 的相同比例分割 L_1，即 3.33 和 1.67kg/s，这个分割满足不等式(10-18)，因为 3.33/2＜2 和 1.67/2＜1。

R1 和 R2 剩余负荷现在能够由 S3（活性炭）来除去。S3 与 R1 和 R2 的匹配有：串行设计和分割设计两种方式。图 10-13 与图 10-14 分别为串行设计和分割设计的结果。

最后，将夹点富侧的设计（图 10-12）和夹点贫侧的设计（图 10-13）合并在一起，得到完整的质量交换网络，如图 10-15 所示。此网络实现了外部 MSA 最小的目标，即 0.0124kg/s 的目标。

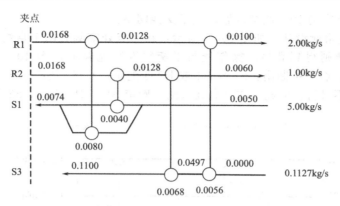

图 10-13　脱酚例子的夹点贫侧设计（S3 串行设计）

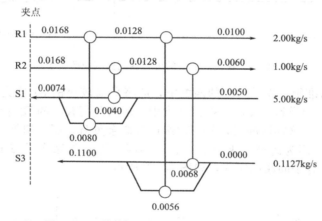

图 10-14　脱酚例子的贫侧设计（S3 分割设计）

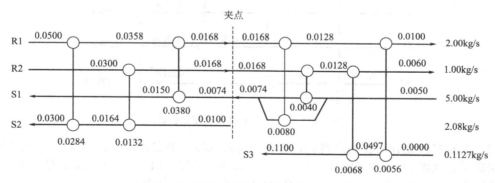

图 10-15　脱酚例子的完整质量交换网络

10.4　质量交换网络优化[3,4]

　　设计满足外部 MSA 最小的最小操作费用（MOC）目标的质量交换网络（MEN）后，通常要考虑将质量交换器的数目减到最少，而同时允许增加外部 MSA 的消耗，尤其在可以消除某些小的质量交换器时。用这种方法，可以获得较低的年度总费用（设备费用和操作费用之和），特别是当与质量交换器的购置费用相比，外部 MSA 的费用较低时。

10.4.1　质量交换器的最小数目

与 HEN 类似，MEN 中质量交换器的最小数目为

$$N_{MX,min} = N_R + N_S - 1 \qquad (10-19)$$

式中，N_R 为富物流数；N_S 为贫物流数。为满足最小外部 MSA 目标（相当于操作费用最小目标），网络的设计分解成了夹点富侧和夹点贫侧两个子网络设计问题，相对于操作费用最小（MOC）目标的最小质量交换器数目按下式计算

$$M_{MX,min}^{MOC} = N_{MX,min}^+ + N_{MX,min}^- \qquad (10-20)$$

式中，$N_{MX,min}^+$ 和 $N_{MX,min}^-$ 分别为满足外部 MSA 用量最小时夹点富侧和夹点贫侧的质量交换器最小数目。

当 MEN 中的质量交换器数目超过最小数目时，差额 $N_{MX} - N_{MX,min}$ 等于独立质量回路数。当回路断开时，通常外部 MSA 的用量将增加。

10.4.2　质量负荷回路和质量负荷路径

质量交换网络的优化是通过质量负荷回路或质量负荷路径的概念来进行的。质量负荷回路的定义是：在网络中从一股物流出发，沿着与其匹配的物流搜索，又回到原来的物流，则称在这些匹配单元之间构成质量负荷回路。在回路中，可以依次地从一个交换器减去某一负荷值，然后加到另一交换器上，而不改变该回路的质量平衡。如果将回路中负荷最小的交换器的负荷转移到其他交换器上，则可将此交换器消除掉。注意，负荷的转移虽不改变回路的质量平衡，但改变了交换器的出口物流的组成。质量负荷路径定义为：从某一 MSA 物流开始，沿着匹配的物流搜索到另一 MSA 物流为止所形成的一条路径。MSA 包括外部和过程的 MSA。通过沿路径转移质量负荷，消除某个交换器将增加外部 MSA 消耗。

图 10-16(a) 为外部 MSA 最小时的质量交换网络，质量交换器有 4 个，其中 S2 为外部 MSA。$N_{MX,min}^+ = 2+1-1 = 2$，$N_{MX,min}^- = 2+1-1 = 2$，因此，$N_{MX,min}^{MOC} = 4$。将整个网络作为一个整体考虑时，根据式(10-19)，$N_{MX,min} = 2+2-1 = 3$。说明存在一个质量负荷回路。假定通过取消夹点富侧的最小质量交换器切断该回路，并环绕该回路转移其质量负荷。所得 MEN 如图 10-16(b) 所示。原先质量交换器 2 的负荷 0.0050kg/s 转移到了质量交换器 4，现质量交换器 4 的负荷增加到了 0.0051kg/s。交换器 4 的负荷增加将导致 S2 外部 MSA 的增加。

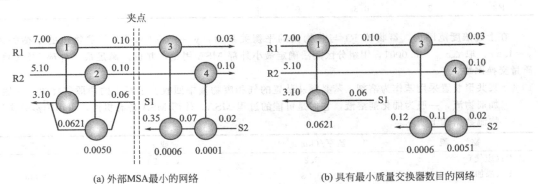

(a) 外部MSA最小的网络　　　　(b) 具有最小质量交换器数目的网络

图 10-16　质量负荷转移

本章小结

用组合区间图法和组合曲线法，在没有设计质量交换网络之前，就能计算出最小外部 MSA 用量，并确定出质量交换的夹点。质量交换网络综合可分解为夹点富侧和夹点贫侧两个子网络进行，在夹点处富物流与贫物流的匹配需遵守物流数目准则、操作线与平衡线关系准则和最大负荷准则，当前两个准则不满足时，需进行流股的分割。质量交换网络的优化可利用负荷回路和负荷路径转移负荷，以消除交换负荷量小的质量交换器，达到减少质量交换器数目的目的。这样做一般以增加外部 MSA 用量为代价，若将总费用（投资成本＋操作成本）作为优化的目标，则可以找到权衡投资成本与操作费用的最优解。

参考文献

[1] El-Halwagi M M, Manousiouthakis V. Synthesis of Mass Exchange Networks. AIChE J, 1989, 35 (8): 1233-1244.

[2] El-Halwagi M M. Pollution Prevention Through Process Integration: Systematic Design Tools. San Diego: Academic Press, 1997.

[3] Seider W D, Seader J D, Lewin D R. Product and Process Design: Synthesis, Analysis and Evolution. John Wiley & Sons, 2003.

[4] David T A, David R S. 绿色工程：环境友好的化工过程设计. 李韦华译. 北京：化学工业出版社，2006.

习　　题

10-1　某过程系统有两个富物流和一个贫物流，数据如下表。

富　物　流				贫　物　流			
流股	流率/(kg/s)	y^s	y^t	流股	流率/(kg/s)	x^s	x^t
R1	5	0.10	0.03	L	15	0.00	0.05
R2	10	0.07	0.03				

令 $\Delta x_{min} = 0.0001$。在上述浓度范围内，富物流 R1 与贫物流的平衡关系为：$y = 0.8x$。富物流 R2 与贫物流的平衡关系为：$y = 1.0x$。试用组成区间法最小外部 MSA 用量。

10-2　用组合曲线法求习题 10-1 的最小外部 MSA 用量。

10-3　某过程系统有两个富物流和一个贫物流，数据如下表。

富　物　流				贫　物　流			
流股	流率/(kg/s)	y^s	y^t	流股	流率/(kg/s)	x^s	x^t
R1	3	0.45	0.1	L	5	0.45	0.1
R2	3	0.3	0.1				

在上述浓度范围内，富物流 R1 与贫物流的平衡关系为：$y = 1.5x^{0.8}$，R2 与贫物流的平衡关系为：$y = 1.5x$。取 $\Delta x_{min} = 0.0001$，用组分区间法确定最小外部 MSA 用量，并设计满足最小外部 MSA 目标的质量交换网络。

10-4　某共聚装置采用苯作为溶剂，苯必须从装置的气相废物流中回收。过程中的两股贫物流，一股为添加剂物流，一股为催化剂溶液，它们是可能的过程 MSA。外部 MSA 是有机油，可用闪蒸分离回收。物流数据如下所示：

物　　流	流率/(kmol/s)	y^s 或 x^s	y^t 或 x^t
R1（废气）	0.2	0.0020	0.0001
L1（添加剂）	0.08	0.003	0.006
L2（催化剂溶液）	0.05	0.002	0.004
L3（有机油）	无限制	0.0008	0.0100

在上述浓度范围内，下列平衡方程适用：

添加剂 $\qquad\qquad y=0.25x$

催化剂溶液 $\qquad\quad y=0.5x$

有机油 $\qquad\qquad y=0.1x$

试计算：（1）从富物流中脱除苯所需的最小外部 MSA 用量，令 $\Delta x_{\min}=0.0001$。（2）设计一个 MEN，假定循环油的操作费用（包括泵送、补充和再生）为 0.05 美元/kg 油，计算油的年度费用。

10-5　用氨溶液刻蚀铜是生产印刷电路板的一个重要操作。在刻蚀过程中，氨溶液中的铜浓度会增加。当溶液中铜的质量百分浓度在 10％～13％时，刻蚀最有效，而在较高的浓度（15％～17％）下则不会发生刻蚀。为了保持刻蚀的有效性，必须连续用溶剂萃取铜，将其从用过的氨溶液中除去。再生的氨刻蚀剂可以循环再利用于刻蚀生产线中。用水洗涤刻蚀印刷电路板使板表面的污染物浓度稀释达到要求的水平。从环境和经济的角度考虑也必须萃取清洗废液中的铜，除铜后的水可再返回清洗容器。

设计一个可以从清洗废水和用过的刻蚀剂中回收铜的物质交换网络。富物流的特性数据如下：

富物流 1：$\qquad y^s=0.13$ $\qquad\quad y^t=0.1$ $\qquad\qquad$ 流率$=0.25$kg/s

富物流 2：$\qquad y^s=0.06$ $\qquad\quad y^t=0.02$ $\qquad\qquad$ 流率$=0.02$kg/s

两种贫物流可以利用。第一种萃取铜的贫物流是脂肪族基肟（S1），它可以负载铜的质量分数为 0.07，再生后，所含铜的质量分数为 0.03。贫物流和两种富物流之间的平衡关系为 $y=0.734x+0.001$，式中 y 为富物流中铜的质量分数，x 为贫物流中铜的质量分数。

第二种萃取铜的贫物流是芳香族的羟基肟（S2），它可以负载铜的质量分数为 0.2，再生后，所含铜的质量分数为 0.001。贫物流和两种富物流之间的平衡关系为 $y=1.5x+0.1$，式中 y 为富物流中铜的质量分数，x 为贫物流中铜的质量分数。

计算：（1）绘制富物流和贫物流的组分区间图。以富物流的质量分数表示所有浓度。

（2）确定可以用 S1 回收的铜的最大数量。所对应的 S1 的流率是多少？

（3）确定可以用 S2 回收的铜的最大数量。所对应的 S2 的流率是多少？

（4）确定可以用 S1 和 S2 共同回收的铜的最大数量。

（5）如果芳香族物流（S2）的费用是脂肪族物流（S1）的一半，确定回收铜最大量的两种贫物流的最佳配比。

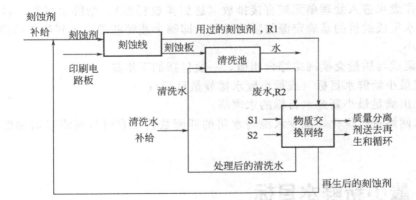

11 水系统集成

11.1 引言

水资源短缺和水污染是人类面临的重大课题。特别在化学工业和石油化工过程工业中，大量新鲜水的消耗和废水的产生给企业、社会和生态环境带来了巨大的压力。由于水集成技术在节水和减少废水排放中起到了其他技术不可替代的重要作用，近年来水系统集成研究受到了广泛的关注。水系统集成是指将过程用水和废水处理作为一个整体系统来研究，利用系统中水物流的回用和循环的可能机会，实现降低新鲜水用量和废水排放量的目的。自1980年以来，水系统集成的研究经历了：从单一杂质组分到多个杂质组分的研究；从用水网络和废水处理网络序贯优化到将两个网络进行集成的研究；从应用图解的方法发展到数学规划方法的研究。

一个过程系统的水网络由许多物流和过程单元或设备等基本要素组成，为了方便地描述水系统，我们将含有杂质组分的物流称为水源（新鲜水可看作是杂质浓度为零的水源），而将能够接受水源的过程单元或设备称为水阱。

水系统集成问题可描述为：一个由 N_R 个水源和 N_S 个水阱组成的水系统，已知每个阱所需要的进口流率和允许杂质组成，又已知每个源的流率和杂质组成。这些源可能再循环回用，也可能作废水进入处理单元或直接排放（达到排放标准）。新鲜水可得，以用于对过程源的补充。水集成的目的是确定源与阱的匹配，即哪个或哪些源引入到给定的阱，以使系统新鲜水量最小。

水系统集成与质量交换网络综合相似，一般包括如下步骤：

① 确定最小新鲜水目标（或最小废水排放量目标）；

② 设计出满足最小新鲜水目标的水网络；

③ 对水网络进行优化，减少水源与水阱的匹配数目，有时可能将以增加新鲜水的消耗为代价。

11.2 最小新鲜水目标

水网络集成的主要目的是最大化过程水的回用以减少新鲜水的消耗。在综合水网络前计算出最小新鲜水量，这称为确定最小新鲜水目标。下面将介绍确定最小新鲜水目标的两种方法。

11.2.1 组合曲线法[1]

组合曲线法是进行水集成的重要工具，利用组合曲线法在没有进行水网络集成前，就能确定出水系统的最大水回用量、最少新鲜水量和最少废水排放量的目标。组合曲线法的构成方法如下所述。

① 按照最大允许组成的升序排列水阱

$$z_1^{\max} \leqslant z_2^{\max} \leqslant \cdots \leqslant z_j^{\max} \leqslant \cdots \leqslant z_{N_S}^{\max}$$

② 用式(11-1)计算每个阱的最大负荷，以每个阱的最大负荷对它的流率作图，按阱的升序排列顺序进行叠加，得到的曲线就是阱组合曲线，如图 11-1 所示。

$$M_j^{\text{sink},\max} = G_j z_j^{\max} \qquad (j=1,2,\cdots,N_S) \tag{11-1}$$

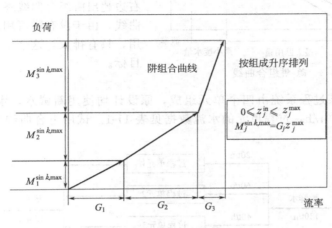

图 11-1　阱组合曲线

③ 以污染物组成的升序排列源

$$y_1 \leqslant y_2 \leqslant \cdots \leqslant y_i \leqslant \cdots \leqslant y_{N_R}$$

④ 用式(11-2)计算出每个源的负荷，以每个源的负荷对它的流率作图，按源的升序排列顺序进行叠加得到的曲线就是源组合曲线，如图 11-2 所示。

$$M_i^{\text{source}} = W_i y_i \qquad (i=1,2,\cdots,N_R) \tag{11-2}$$

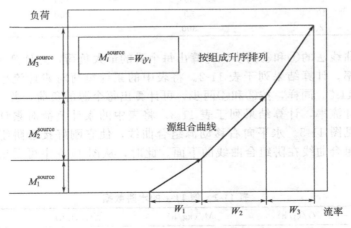

图 11-2　源组合曲线

⑤ 水平方向移动源组合曲线直到它接触阱组合曲线，在重叠的区域，使源组合曲线在阱组合曲线的下面，见图 11-3。

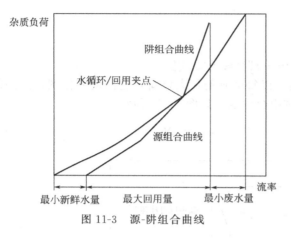

图 11-3 中两曲线接触的点称为水循环/回用的夹点。两曲线重叠部分的流率是水的最大回用量，在此部分源与阱可进行匹配，实现水系统的集成。左边超出源组合曲线起点的那部分阱组合曲线，由于没有源可利用，必须使用新鲜水源来进行匹配，这个量是最少新鲜水目标。同样，右边超出阱组合曲线终点的那部分源组合曲线，由于没有阱可用，这部分量无法回用，只有排放，这个量是最小废水排放的目标。

图 11-3　源-阱组合曲线

【例 11-1】　某过程系统由四个单元组成，原设计均使用新鲜水，水流程如图 11-4 所示，总用水量为 130t/h，过程单元的水流数据见表 11-1。试用组合曲线法确定该系统的最小新鲜水目标。

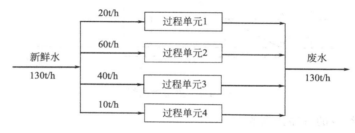

图 11-4　例 11-1 的水流程

表 11-1　过程单元水流数据

过程单元	杂质负荷 $M/(kg/h)$	进口浓度 $z/(mg/kg)$	出口浓度 $y/(mg/kg)$	流率 $G/(t/h)$
1	2	0	100	20
2	3	50	100	60
3	10	50	300	40
4	2	300	500	10

解　按组合曲线法的①和②两步，计算出每个阱的最大负荷，并计算出以 0 为基准的累计负荷和累计流率，计算结果列于表 11-2。将表中的累计负荷对累计流率作图，即得到阱组合曲线，见图 11-5。同样，按③和④两步，可计算出每个源的负荷，并计算出以 0 为基准的累计负荷和累计流率，计算结果列于表 11-3。将表中的累计负荷对累计流率作图，即得到源组合曲线，见图 11-5。水平向右移动源组合曲线，使它刚好接触阱组合曲线，并使在重叠的区域内源组合曲线在阱组合曲线的下面。此时，从图 11-6 中可看出：最小新鲜水目标为 70t/h。

表 11-2　例 11-1 的水阱数据

$z/(mg/kg)$	$G/(t/h)$	$M/(kg/h)$	$\sum G/(t/h)$	$\sum M/(kg/h)$
—	—	—	0	0
0	20	0	20	0
50	60	3	80	3
50	40	2	120	5
300	10	3	130	8

表 11-3　例 11-1 的水源数据

$y/(\text{mg/kg})$	$W/(\text{t/h})$	$M/(\text{kg/h})$	$\sum W/(\text{t/h})$	$\sum M/(\text{kg/h})$
—	—		0	0
100	20	2	20	2
100	60	6	80	8
300	40	12	120	20
500	10	5	130	25

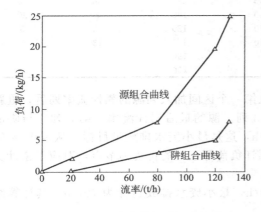

图 11-5　源组合曲线与阱组合曲线

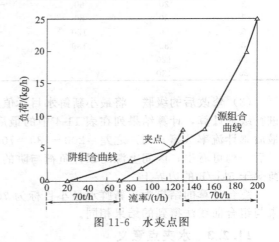

图 11-6　水夹点图

11.2.2　累计负荷区间法

组合曲线法具有简单和直观的特点，但此方法的缺点是比较烦琐和不精确。下面介绍一种使用代数的方法，此方法称为累计负荷区间法。累计负荷区间法的步骤如下：

① 用式(11-1) 和式(11-2) 分别计算出每个阱的最大负荷和每个源的负荷；

② 按照最大允许组成的升序排列计算出阱的累计流率和相应的累计负荷（均以零为基准）

$$\sum_{k=1}^{j} G_k, \quad \sum_{k=1}^{j} M_k^{\text{sink}} \quad (j=1,2,\cdots,m)$$

③ 按照污染物组成的升序排列计算出源的累计流率和相应的累计负荷（均以零为基准）

$$\sum_{k=1}^{i} W_k, \quad \sum_{k=1}^{i} M_k^{\text{source}} \quad (i=1,2,\cdots,n)$$

④ 将源和阱的累计负荷放在一起从小到大排序，得到累计负荷区间；

⑤ 进行级联计算。第一步，从最小累计负荷开始，向累计负荷增加的区间移动，计算出区间边界上源的累计流率和阱的累计流率，以及两者的差值；取最大的负差值的绝对值为最小新鲜水量。第二步，将此量从第一个累计负荷区加到源的累计流率中，再重新计算。源的最终累计流率与阱的最终累计流率之差为最小废水排放量。边界上累计流率之差为 0 的位置，即是水夹点。

【例 11-2】　用累计负荷区间法重做例 11-1。

解　(1) 确定累计负荷区间　可利用例 11-1 中得到的表 11-2 和表 11-3 的数据，将表 11-2 和表 11-3 最后一栏累计负荷的值放在一起从大到小排序，可得到 7 个累计负荷区间，见表 11-4 的第 1 列。

(2) 进行初始级联计算　表 11-4 中的第 2 列和第 3 列是对应于累计负荷区间上的源的累计流率值和阱的累计流率值（有些区间可从表 11-2 和表 11-3 中得到，有些区间可通过线性插值得到）。表 11-4 的 4 列是第 2 列与第 3 列的差值，此列最大的负值为 70t/h，此值的绝对值即为最小新鲜水目标。

表 11-4 累计负荷区间法计算表

累计负荷区间	初始级联			修改后的级联		
	ΣW	ΣG	$\Sigma W - \Sigma G$	ΣW	ΣG	$\Sigma W - \Sigma G$
0	0	20	-20	70	20	50
2	20	60	-40	90	60	30
3	30	80	-50	100	80	20
5	50	120	-70	120	120	0
8	80	130	-50	150	130	20
20	120			190		
25	130			200		

（3）修改后的级联 将最小新鲜水目标值从第一个区间加入到源的累计流率列后，重新进行级联计算，计算结果列在表 11-4 中的最后 3 列。源的最后累计流率（第 5 列）与阱的最后累计流率（第 6 列）之差＝200－130＝70t/h，这是最小废水排放量目标。从表 11-4 的最后一列可看出，区间上源的累计负荷与阱的累计负荷等于 0 的位置为节点，对应于累计负荷等于 5kg/h 的边界上。

综合计算的结果为：新鲜水最小目标为 70t/h，最小废水排放目标为 70t/h。其计算结果与组合曲线法得到的结果相同。

11.2.3 水夹点意义

夹点是源组合曲线与阱组合曲线的交点，此点处传质推动力似乎为零，实际上并非如此，因为在确定各个过程单元的允许最大进口浓度时，最小传质推动力已经考虑在内。所以，夹点处的推动力为最小传质推动力。

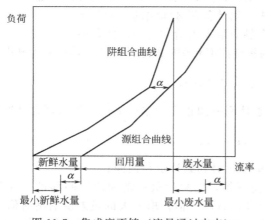

夹点的出现将水网络分成了两部分：夹点之上和夹点之下。夹点之上是浓端，浓端的阱只能与过程的源进行匹配，而不能与新鲜水进行匹配。此外，浓度较高的剩余源只能作为废水排放；夹点之下是稀端，稀端的过程源应与阱进行匹配，而不应排放，不够阱匹配时需要使用新鲜水。

如果发生跨越夹点的源流动 α，即夹点之上的阱与夹点之下的源进行匹配，如图 11-7 所示，此时相当于源组合曲线水平向右移动距离

图 11-7 集成度不够（流量通过夹点）

α，这将导致夹点之上的废水排放量和夹点之下的新鲜水量均相应增加 α。

通过上述分析，可得出如下结论：①在夹点之下，不应从源排放废水；②在夹点之上，任何阱都不应使用新鲜水；③不应有流量通过夹点。

11.3 新鲜水最小的水网络

确定出最小新鲜水目标后，接下来是综合出实现最小新鲜水目标的水网络，即确定源-阱的匹配关系。下面介绍用源-阱图法来确定源-阱匹配。

11.3.1　源-阱图法[2]

源-阱关系图是进行水系统集成最为简单和形象的一种方法。它是以流率为纵坐标，杂质浓度为横坐标将水源和水阱标注于其中的一个二维图。其中水源由一个小圆圈表示，而水阱用一个小方框表示。图 11-8 是基于表 11-1 的数据画出的源-阱图。

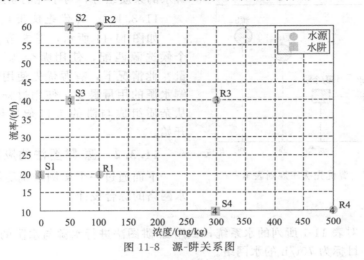

图 11-8　源-阱关系图

从源-阱图上能直观地看出源与阱的分布和之间的相对位置。在进行源与阱匹配时，可应用下面两个规则来指导匹配。

11.3.1.1　杠杆规则

图 11-9 中有 a 和 b 两个源，它们的流率分别为 W_a 和 W_b，组成分别为 y_a 和 y_b，如两个源混合后的组成为 y_s，对混合的物流作污染物衡算有

$$y_s(W_a+W_b)=y_aW_a+y_bW_b \tag{11-3}$$

可得

$$\frac{W_a}{W_b}=\frac{y_b-y_s}{y_s-y_a} \tag{11-4}$$

$$\frac{W_a}{W_a+W_b}=\frac{y_b-y_s}{y_b-y_a} \tag{11-5}$$

$$\frac{W_b}{W_a+W_b}=\frac{y_s-y_a}{y_b-y_a} \tag{11-6}$$

式(11-4)～式(11-6) 均称为源混合的杠杆规则。当某个阱需要有新鲜水的加入以满足进口物流杂质组成限制时，如图 11-10 所示，进入到阱的新鲜水流率可用式(11-7) 计算。

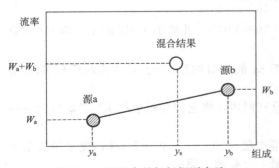

图 11-9　源混合的杠杆规则表示

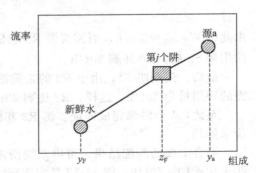

图 11-10　新鲜水用量的杠杆规则表示

$$\frac{进入到阱的新鲜水流率}{进入到阱的总流率} = \frac{y_a - z_F}{y_a - y_F} \qquad (11\text{-}7)$$

上式称为新鲜水用量的杠杆规则。式中 z_F 为进入到阱的物流允许的杂质组成，y_F 为新鲜水的杂质组分，对于纯的新鲜水，$y_F = 0$。

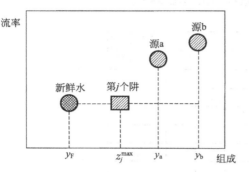

图 11-11　源优先次序规则表示

11.3.1.2　源优先使用规则

如图 11-11 所示，考虑第 j 个阱与 a、b 两个候选源匹配，使用哪个源可减少新鲜水用量？此情况下，有源优先使用规则：为了使新鲜水源的用量最少，使用过程源的优先次序应从杂质组成与阱的进口杂质组成最接近的源开始。

11.3.2　源-阱图法的应用

下面通过一个实例来说明源-阱图法应用于水网络的综合设计。

【例 11-3】　对表 11-1 所列的水系统，试用源-阱图法进行水源与水阱的匹配，设计出实现新鲜水量最小目标为 70t/h 的水网络。

解　参考图 11-8 的源-阱图，按照从左到右、从下至上的顺序确定阱的匹配。

从阱 S1 开始，由于 S1 的进口允许杂质浓度为 0mg/kg，所以只能使用新鲜水，所需的新鲜水量为 20t/h。

对阱 S3，根据源的优先使用规则，源 R1 和源 R2 的组成与阱 S3 的组成最接近，应首先使用源 R1 和 R2。由于源 R1 和 R2 的组成大于 S1 的进料组成，因此需要有新鲜水的加入，设加入的新鲜水量为 W_{F-S3}。根据新鲜水用量的杠杆规则［式(11-7)］，有

$$\frac{W_{F-S3}}{40} = \frac{100 - 50}{100}$$

由此得 $W_{F-S3} = 20t/h$，而需要源 R1 或源 R2 的量 $= 40 - 20 = 20t/h$，此值正好等于 R1 的量，所以选择 R1 与 S3 匹配可将 R1 匹配完。

对阱 S2，根据源的优先使用规则，应使用源 R2 进行匹配。由于源 R2 的组成大于 S2 的进料组成，因此需要有新鲜水的加入，设加入的新鲜水量为 W_{F-S2}。根据新鲜水用量的杠杆规则，有

$$\frac{W_{F-S2}}{60} = \frac{100 - 50}{100}$$

由此得 $W_{F-S2} = 30t/h$，而需要源 R2 的量 $= 60 - 30 = 30t/h$，此值小于 R2 的量，将 R2 的量回用到 S2 后，R2 还剩 30t/h。

最后，还剩阱 S4，由于 R2 的杂质浓度小于 S4 的进口浓度，R2 可直接回用到 S4，所需的回用量为 10t/h。这样，R2 还剩 20t/h。

至此，4 个阱都完成匹配。源 R3 和源 R4 没有回用，将它们和剩余的 R2 汇集后到下一步水处理。

综合上面的匹配结果，可得系统所需的新鲜水量 $= 20 + 20 + 30 = 70t/h$；废水排放量 $= 20 + 40 + 10 = 70t/h$。图 11-12 是实现新鲜水量最小目标的水网络。

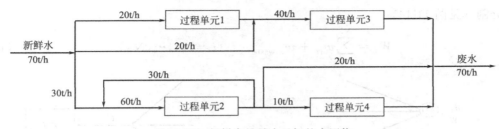

图 11-12　新鲜水量最小目标的水网络

11.4　数学规划法[3~5]

　　图示的方法具有简单和直观的特点，适合解决源和阱数目较少的系统，对源和阱数目较多的水系统集成问题，一般采用数学规划方法；另外，图示的方法只能解决单组分污染物的水系统集成问题，解决多组分污染物的系统，就需要建立优化模型来求解。

　　数学规划法的问题可描述为：考虑一个由 N_S 个阱和 N_R 个源所组成的过程系统，已知每个阱需要的进口流率 G_j 和杂质组成 z_j^{in}，且杂质组成满足约束：$z_j^{min} \leqslant z_j^{in} \leqslant z_j^{max}$（$j=1$，$2,\cdots,N_S$），$z_j^{min}$ 和 z_j^{max} 分别是进入到第 j 个阱的允许最小和最大组成。已知每个源有给定的流率 W_i 和给定的组成 y_i，新鲜水可得。在上述条件下，目标是建立一个优化数学模型，求解出新鲜水用量最小的水网络。

11.4.1　水网络超结构模型

　　在建立优化数学模型前，需要建立一个水网络的超结构，用于描述所有可能的源-阱匹配及新鲜水使用、废水排放的"超大"流程结构，由它构成水网络优化问题的解空间。基于这个超结构，就可建立水网络的优化数学模型。

　　图 11-13 所示是一个描述有 N_S 个阱和 N_R 个源水系统的超结构。在这个超结构中，每个源被分割后分配到各个阱，考虑到有部分源不能再循环和回用，增设一个阱，称为废水阱。也允许新鲜水源分割和分配到所有的阱，除废水阱外。在阱（过程单元进口）之前，将各个分支流股混合后再进入阱。

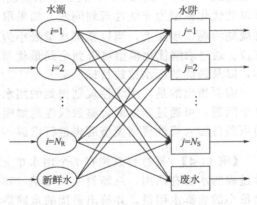

图 11-13　水网络超结构模型

　　现在问题归结为：通过优化计算确定出超结构中哪条分割流股存在，以及它的流率，在满足阱的进入流量和组成要求的条件下，使系统所需要的新鲜水量最小和排放的废水量最小。

11.4.2　优化数学模型

　　根据所构建的超结构，可以写出优化数学模型。

　　目标函数

$$最小新鲜水流率 = \sum_{j=1}^{N_S} F_j \tag{11-8}$$

　　满足下面的约束：

源的分割（见图 11-14）

$$W_i = \sum_{j=1}^{N_S} w_{ij} + w_{i,\text{waste}} \qquad (i=1,2,\cdots,N_R) \tag{11-9}$$

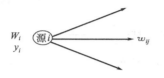

图 11-14　源的分割

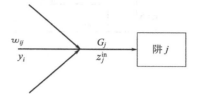

图 11-15　阱前源的混合

进第 j 个阱前源的混合（见图 11-15）

$$G_j = F_j + \sum_{i=1}^{N_R} w_{ij} \qquad (j=1,2,\cdots,N_S) \tag{11-10}$$

式中，F_j 是进入到第 j 个阱的新鲜水量。假如新鲜水为纯水，不含污染物，对进入阱的混合点作杂质组分的物料平衡，得

$$G_j z_j^{\text{in}} = \sum_{i=1}^{N_R} w_{ij} y_i \qquad (j=1,2,\cdots,N_S) \tag{11-11}$$

$$z_j^{\min} \leqslant z_j^{\text{in}} \leqslant z_j^{\max} \qquad (j=1,2,\cdots,N_S) \tag{11-12}$$

源分割到阱的流率和新鲜水流率的非负性

$$W_{ij} \geqslant 0 \qquad (i=1,2,\cdots,N_R; j=1,2,\cdots,N_S) \tag{11-13}$$

$$F_j \geqslant 0 \qquad (j=1,2,\cdots,N_S) \tag{11-14}$$

由上述式(11-8)～式(11-14)构成了水集成的优化数学模型，由于式(11-11)为非线性方程，所以此优化模型为非线性规划问题。如果取 $z_j^{\text{in}} = z_j^{\max}(j=1,2,\cdots,N_S)$，则优化模型变为线性规划问题。事实上，当以新鲜水量最小为目标函数时，最优解必为 $z_j^{\text{in}} = z_j^{\max}(j=1,2,\cdots,N_S)$。通过求解优化模型可得到全局最优解，即得到源-阱的最优匹配和最小新鲜水用量目标，以及最优的废水排放目标。

需要指出的是，用线性规划得到的用水网络一般水源的分割较多，结构较复杂。为解决这个问题，可通过建立混合整数线性规划模型来求解，或对流率较小的匹配加以限制，作为约束条件加入线性规划模型后再进行求解[4]。

水网络函数

【例 11-4】 某过程系统有 7 个用水单元，各用水单元的水流数据如表 11-5 所示。原设计过程的水没有回用，总新鲜水用量为 258t/h。试用数学规划法对该系统进行优化，计算出最小的新鲜水用量，并给出最优的水网络结构。

表 11-5　例 11-4 的用水单元水流数据

用水单元	进口含量 z/ppm	出口含量 y/ppm	流率 G/(t/h)	用水单元	进口含量 z/ppm	出口含量 y/ppm	流率 G/(t/h)
1	0	50	25	5	20	500	8
2	0	100	70	6	500	1100	50
3	20	150	35	7	150	900	30
4	50	600	40				

注：1ppm=1μL/L。

解 用 MATLAB 软件优化工具箱解线性规划的程序解此问题，得新鲜水最小用量为

136.9t/h。图 11-16 为初始优化的用水网络。对图中流率较小的流股限制进行匹配，重新优化后得到的最终水网络结构见图 11-17。

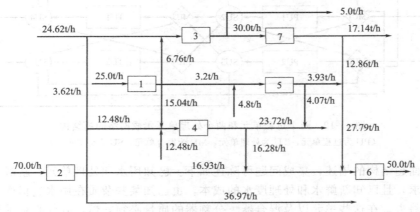

图 11-16　初始优化的用水网络

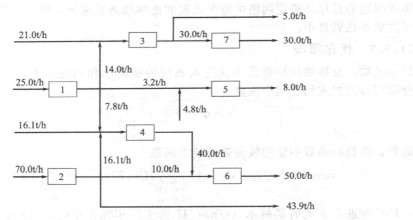

图 11-17　重新优化后的最终用水网络

11.5　用水网络与水处理网络的集成[6]

11.5.1　问题描述

为了描述用水网络与水处理网络集成问题，这里构造一个具有两个过程单元和两个处理单元的超结构，如图 11-18 所示。新鲜水源从网络的入口进入到过程单元，这些过程单元以所有可能的方式相互连接，而且，通过混合器和分割器连接到处理单元。同样地，处理单元以所有可能的方式相互连接，用一个流股排放到环境。在这个超结构中，也有旁通的选择，即过程单元产生的废水没通过任何处理直接排放。

对过程单元，假定用水量是固定的，每个过程单元的入口和出口允许的杂质浓度上限是给定的。对处理单元，每个单元从进入的废水流股中有选择性地除去杂质，且每个杂质的除去率是已知的，处理单元也有入口杂质浓度的限制，处理过的废水排放到环境中去（浓度达到了排放标准）或者循环到过程单元使用。

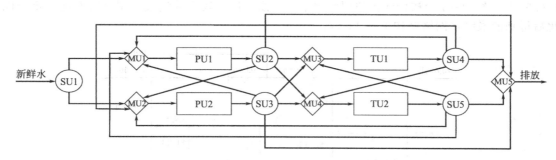

图 11-18　两个过程单元和两个处理单元集成网络的超结构

（PU 为过程单元，TU 为处理单元，MU 为混合单元，SU 为分割单元）

根据上面超结构的描述，集成问题可陈述如下：已知用水和处理单元，新鲜水源满足用水过程的需求，且已知新鲜水和处理废水的成本，也已知某些杂质在用水过程产生，然后在处理单元中除去。在这些单元以及混合器、分割器的质量必须守恒，其他必须满足的约束是每个流股的杂质浓度不许超过规定的值，而且废水在排放前杂质浓度必须达到环境限制的要求。集成问题的目标是确定网络中每个流股的流率和杂质成分，以使新鲜水的消耗和废水处理的年度成本达到最小。

11.5.2　优化模型

目标函数：直接的目标是最小化进入系统的新鲜水和到处理单元的废水量，为简单起见，分配相等的权重到这两个流量。

$$\min\Phi = FW + \sum_{\substack{t \in \text{TU} \\ i \in t_{\text{out}}}} F^i \tag{11-15a}$$

通常，在目标函数中使用较复杂的成本函数

$$\min\Phi = HC_{\text{FW}}FW + AR \sum_{\substack{t \in \text{TU} \\ i \in t_{\text{out}}}} IC^t(F^i)^\alpha + H \sum_{\substack{t \in \text{TU} \\ i \in t_{\text{out}}}} OC^t F^i \tag{11-15b}$$

式中，FW 为进入系统的新鲜水（t/h）；H 为工厂年操作小时数（h）；C_{FW} 为新鲜水的成本（元/t）；AR 为处理单元投资的年度化因子；$IC^t(F^i)^\alpha$ 为处理单元 t 的投资成本；IC^t 为处理单元 t 的投资成本系数；$OC^t F^i$ 为处理单元 t 的操作成本；OC^t 为处理单元 t 的操作成本系数；α 为成本函数指数（$0 < \alpha \leqslant 1$）。

混合单元：如图 11-19 所示，混合器 $m \in \text{MU}$ 是由一组进口流股 $i \in m_{\text{in}}$ 和一个出口流股 $k \in m_{\text{out}}$ 所组成，混合器 m 的整个质量平衡由方程(11-16)给出，在这个混合器中每个杂质 j 的质量平衡由方程(11-17)给出。

$$F^k = \sum_{i \in m_{\text{in}}} F^i \qquad \forall\, m \in \text{MU}, k \in m_{\text{out}} \tag{11-16}$$

$$F^k C_j^k = \sum_{i \in m_{\text{in}}} F^i C_j^i \qquad \forall\, j, \ \forall\, m \in \text{MU}, k \in m_{\text{out}} \tag{11-17}$$

式中，F^i 为流股 i 的总流率（t/h）；C_j^i 为流股 i 中杂质 j 的浓度（ppm❶）。

分割单元：如图 11-20 所示，分割器 $s \in \text{SU}$ 由一个进料流股 $k \in s_{\text{in}}$ 和一组出料流股 $i \in s_{\text{out}}$ 组成，离开分割器的杂质成分等于进口的杂质成分，对分割器 s 有下面的线性方程

---

❶　ppm＝1×10^{-6}。

$$F^k = \sum_{i \in s_{\text{out}}} F^i \quad \forall s \in \text{SU}, k \in s_{\text{in}} \tag{11-18}$$

$$C_j^i = C_j^k \quad \forall j, \forall s \in \text{SU}, \forall i \in s_{\text{out}}, k \in s_{\text{in}} \tag{11-19}$$

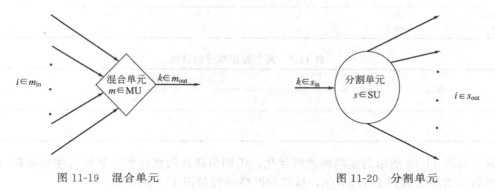

图 11-19　混合单元　　　　　　　图 11-20　分割单元

过程单元：如图 11-21 所示，过程单元 $p \in \text{PU}$ 有入口流股 $i \in p_{\text{in}}$ 和出口流股 $k \in p_{\text{out}}$。假设过程单元内部每个污染物 j 的杂质负荷（L_j^p，kg/h）是常数。过程单元的质量平衡用下面的方程描述

$$F^k = F^i = p^p \quad \forall p \in \text{PU}, i \in p_{\text{in}}, k \in p_{\text{out}} \tag{11-20}$$

图 11-21　过程单元　　　　　　　图 11-22　处理单元

这里，对每个过程单元 p^p 是常数，（t/h）

$$p^p C_j^i + L_j^p \times 10^3 = p^p C_j^k \quad \forall j, \forall p \in \text{PU}, i \in p_{\text{in}}, k \in p_{\text{out}} \tag{11-21}$$

方程（11-21）中，p^p 为通过过程单元 p 的流量，单位为 t/h，L_j^p 的单位为 kg/h，C_j^i 的单位为 ppm，上式左边第二项乘子 10^3 的作用是使这个方程在量纲上正确。

处理单元：如图 11-22 所示，处理单元 $t \in \text{TU}$ 有一个进口流股 $k \in t_{\text{in}}$ 和一个出口流股 $i \in t_{\text{out}}$。在出口流股 i 中各个杂质流率可以表达为进口流股 k 中杂质流率的一个线性函数，比例系数 β_j^t 定义为：$\beta_j^t = 1 - \{$杂质 j 在单元 t 的除去率（%）$/100\}$。处理单元 t 的质量平衡和内部每个杂质的质量平衡分别由式（11-22）和式（11-23）给出。

$$F^k = F^i \quad \forall t \in \text{TU}, i \in t_{\text{out}}, k \in t_{\text{in}} \tag{11-22}$$

$$C_j^i = \beta_j^t C_j^k \quad \forall j, \forall t \in \text{TU}, i \in t_{\text{out}}, k \in t_{\text{in}} \tag{11-23}$$

式（11-16）~式（11-23）构成了优化模型中的等式约束。除此之外，在系统中的所有流量（F^i）和杂质浓度（C_j^i）是非负的，它们构成了不等式约束。

上述给出的数学优化模型是一个非线性规划问题，通过求解可得到网络中使新鲜水消耗和废水处理量达到最小（或年度成本达到最小）的每个流股流量和杂质浓度。

【例 11-5】　一个具有两个过程单元和两个处理单元的系统，数据见表 11-6 和表 11-7。这个系统的超结构如图 11-18 所示。在过程单元有两种杂质，排放到环境中去的废水含量必须小于 10ppm。目标函数是新鲜水量和废水处理量最小。

表 11-6 两个过程单元的数据

单元	流率/(t/h)	排放负荷/(kg/h)		最大入口含量/ppm	
		A	B	A	B
PU1	40	1	1.5	0	0
PU2	50	1	1	50	50

表 11-7 两个处理单元的数据

单元	除去率/%	
	A	B
TU1	95	0
TU2	0	95

解 对图 11-18 所示的超结构进行优化，得到消耗在用水过程的新鲜水用量和进入到处理单元的废水量之和为 117.05t/h，最优的网络结构如图 11-23 所示。

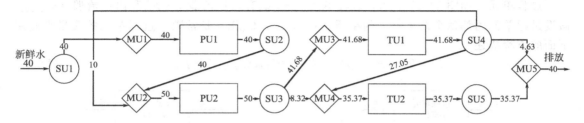

图 11-23 两个过程单元和两个处理单元水网络的最优解

通过对比序贯优化的结果，可以说明用水和水处理单元集成优化比序贯优化优越。图 11-24(a) 是用水网络的超结构，优化的目标是新鲜水量最小，通过优化得到最小的新鲜水消耗是 50t/h，最优的网络结构见图 11-24(b)。

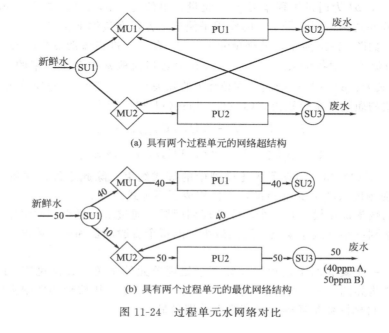

(a) 具有两个过程单元的网络超结构

(b) 具有两个过程单元的最优网络结构

图 11-24 过程单元水网络对比

从用水网络排出的废水在如图 11-25(a) 所示的超结构中进行处理，处理后水流排放到环境，杂质 A 和 B 的排放限制取 10ppm。这里，最优目标是流进两个处理单元的废水总量最小。通过优化得到进入处理单元最小的废水处理量是 81.58t/h。图 11-25(b) 为废水处理的最优网络结构。

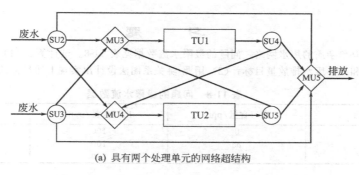

(a) 具有两个处理单元的网络超结构

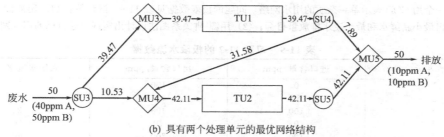

(b) 具有两个处理单元的最优网络结构

图 11-25　处理单元水网络对比

综合序贯优化的结果，在用水过程中消耗的新鲜水量和进入到处理单元的废水量之和是 50+81.58=131.58t/h。

对比序贯优化的结果，集成优化的总量为 117.05t/h，减少了 11%。此外，新鲜水的消耗从 50t/h 减少到了 40t/h。从对比结果可看出：集成优化方法的优势是非常明显的。

本章小结

对一个用水网络系统，可应用组合曲线法和累计负荷区间法确定最小新鲜水目标。应用源-阱关系图和源-阱匹配的规则，可设计出满足最小新鲜水目标的水网络结构。数学规划法是进行水网络优化更有效的方法，它特别适用于规模较大和多杂质的水网络集成优化问题，应用数学规划法不仅可计算出最小新鲜水目标，而且能同时确定水网络的结构。用水网络与水处理网络进行集成优化与两个网络进行序贯优化相比，前者能明显地减少新鲜水量和废水处理量。

参考文献

[1] El-Halwagi M M，Gabriel F，Harell D. Rigorous Graphical Targeting for Resource Conservation via Material Recycle/Reuse Networks. Ind Eng Chem Res，2003，42：4319-4328.

[2] El-Halwagi M M. Pollution Prevention Through Process Integration：Systematic Design Tools. San Diego：Academic Press，1997.

[3] 陈玉林，鄢烈祥，史彬. 工业用水网络集成优化系统的设计与应用. 武汉理工大学学报：信息与管理工程版，2008，30 (6)：920-923.

［4］ 王辉，鄢烈祥，陈玉林等. 基于水源-水阱匹配关系约束的用水网络优化方法. 化工进展，2009，28（7）：1147-1150.

［5］ 冯霄. 化工节能原理与应用. 北京：化学工业出版社，2004.

［6］ Karuppiah R，Grossmann I E. Global Optimization for the Synthesis of Integrated Water Systems in Chemical Processes. Computers & Chemical Engineering，2006，30：650-673.

习　　题

11-1　考虑一具有单杂质的用水网络，问题的极限水流数据见表 11-8。试计算：（1）用组合曲线法确定最小新鲜水和最小废水排放量目标；（2）用源-阱关系图法设计出实现上述目标的用水网络。

表 11-8　问题的极限水流数据

操作单元	进口含量/ppm	出口含量/ppm	极限水流率/(t/h)
1	0	100	30
2	25	100	50
3	50	200	40

11-2　考虑一个用 COD 表示单一杂质的用水网络，问题的极限数据见表 11-9。试计算：（1）用累计负荷区间法计算出最小新鲜水和最小废水排放量目标；（2）用源-阱关系图法设计出实现上述目标的用水网络。

表 11-9　习题 11-2 的极限水流数据

操作单元	进口含量/ppm	出口含量/ppm	极限水流率/(t/h)
1	0	100	10
2	50	100	20
3	100	400	20
4	0	10	20
5	100	200	40

11-3　用数学规划法重做习题 11-2，优化计算出最小新鲜水量，以及源-阱的匹配。在优化目标值相同的条件下，消除流率较小的匹配。

11-4　某石化厂有 4 个用水单元，该厂各用水操作单元原设计进水均采用新鲜水，其总用水量为 205t/h。已得到各用水操作单元的数据见表 11-10。试求：（1）用数学规划法计算出最小新鲜水目标，并确定源-阱匹配关系；（2）消除流率较小的匹配，重新用数学规划法计算，在优化目标值相同的条件下，减少源-阱匹配数。

表 11-10　习题 11-4 的操作单元水流数据

操作单元	进口含量/ppm	出口含量/ppm	极限水流率/(t/h)
1	0	100	75
2	50	150	40
3	75	100	40
4	100	125	50